U0022151

科學+

把手伸出宇宙之外：成為宇宙公民

Reaching for the Universe and Beyond : *Becoming a Universe Citizen*

李傑信 著
張宏宇 整理

三民書局

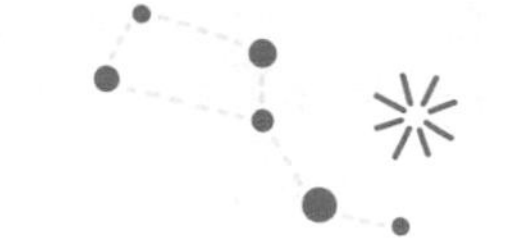

推薦序

很高興能再為李傑信博士的新書提供序文，每次接到他的新書任務時總是誠惶誠恐，因為李博士所關心的物理課題與我們安身立命的地球宇宙相關，如宇宙的起源（宇宙大霹靂的瞬間）？宇宙有多大？所描述的時間與空間尺度何其大，要用光年單位來表示，況且兩者之間還可能非相互獨立，相較於我們的日常環境事物而言，實在難以想像。

我的學術領域背景與李博士的物理專長領域重疊不多，不過很榮幸地多年前有機緣在成功大學航太系結識，並且相互分享對太空科學的興趣。我個人非常感佩李博士對推廣太空科普教育的熱情，這些年來他持續地發表新書，在每本書裡用生動有趣的文字描繪宇宙科學的研究發現，有些如科幻情境，又有些頗具哲理意涵，因此每本書都具有同一特色：物理科學含量很高的科普書籍。

我想李博士撰寫本書的主要目的是讓即使沒有物理背景的各年齡層朋友，能從書中獲得對宇宙的認識，也就是李博士所說的上帝的秘密，內容的期望正如同書名：成為宇宙公民。因此，書中用了各種生動有趣的方式描述物理現象，企圖使讀者能感受與了解。不過，如果想要追根究底這些現象，何其容易，以我個人而言，只是個門外漢，可能連略懂皮毛都談不上。

我在瀏覽本書的過程，是持著一種欣賞與感佩心態，想體認李博士對探索宇宙科學的熱情，分享他的職涯經驗，何其有幸參與宇宙科學領域的重大發現。再者，如果我想進一步理解其中所述的某

個物理現象或應用，例如量子電腦，我會用手機網路輸入關鍵詞搜尋相關資訊，相信能循序漸進地深入相關物理領域。今天，我們身處在網路世界裡，網路搜尋對探索新知是一大利器，相較於以往要到圖書館找資料方便太多了，不過網路搜尋僅只是一個方法而已，更重要的是對探索新知的好奇心，這才是驅使我們在網路持續鍥而不捨的原動力。

在這裡，我想強調的是本書以生動有趣的方式描述宇宙科學領域的重要發現，藉本書作者李博士想吸引社會大眾對探索宇宙的興趣與好奇心，且將他的專業學識與經驗分享給社會大眾。從這個角度而言，本書可視為探索宇宙科學的 gateway（網路閘道器），讀者可藉由本書系統性的介紹，了解現今宇宙物理科學領域的重要發現，如果有興趣進一步深入各個主題，相信讀者可從網路或其他先進應用軟體，如現今流行的人工智慧軟體，搜尋更多資訊，豐富生活。

成功大學航空太空工程學系

2023 年 4 月 23 日

自序

這本書呈現的型態，對我是一個新的嘗試。

我一輩子以太空物理為事業，每天想的事就是科學原理。整個宇宙必須以科學規律辦事，否則飛機就上不了天，火箭就到不了火星。所以，我過去二十多年寫的八本科普書籍，著力點就是要把科普知識的科學原理說清楚，一板一眼，完整呈現，絕不含糊。結果呢？作者我滿意了，但讀者們卻紛紛訴苦：李傑信先生，內容有些深奧哦！

退休後，屬於自己的時間多了，可上網馳騁的領域海闊天空，網上的辭藻精彩絕倫。我突然有了感悟：不得了，原來科普知識竟然還有這麼多傳播管道啊！網路上，以影片出場的屬自媒體，加上代言廣告，主播們各個神氣飛揚、不可一世；較樸實的有網路平臺的專欄文章撰寫，版主們定時上傳文章發布，而讀者關注、訂閱後，可向作者提問與互動，在短暫時間內獲得解惑。

秉持著盡棉薄之力普及太空科學知識的初衷，過去近兩年的時間，我在網路上發表了六十餘篇短文。這些文章先經我口述後，由張宏宇先生整理成篇。宏宇好馬快刀，難得一見的年輕人！這些短文和我以往所寫的有些不同。網路上的文章可和讀者互動，每篇短文經常是繞著他們的提問展開，包括宇宙觀測、量子糾纏通訊、光和時間的本質、愛因斯坦的相對論、地球溫室效應、生命科學演進、火星探測，以及我自身經歷過的諸多科學突破事件等等。每篇文章我也不像以前寫書一樣，糾結於背後科學理論的清晰完整，只以解

惑的大格局為主、淺顯為目的，講大道理部分，點到為止。這些文章發表後，有些讀者建議將這些短小精悍的文章集結成冊，以便閒暇時能隨手翻閱，進一步連貫各篇的重點義趣。這本書，各篇文章出現的順序並不重要，只要能沉下心來仔細體會，自會有巨大收穫。

人類遺傳基因中的缺陷，導致人類好戰嗜殺。我一生事業浸淫在浩瀚宇宙的境界，從年輕時起就決定跳出地球人類文明的局限，不從政、不經商、只做宇宙公民。

現在的宇宙仍在繼續膨脹，如果沒有新的外力介入，宇宙空間將永遠膨脹下去；我們既不能看到它的開始，又不能見證它的結束；宇宙，無始無終。而對於我們的生命而言，一定是從某一時間起始，又在某一時間終結；生命，有始有終。

探索未知是深植在我們基因裡的原始呼喚。我的一生，就是用有始有終的短暫生命，探索無始無終的永恆宇宙，這讓我略感悲愴和無奈，但也讓我更加熱情和努力。

衷心感謝顏素華和徐瑞霞兩位女士真誠的協助。

李傑信

目次
CONTENTS

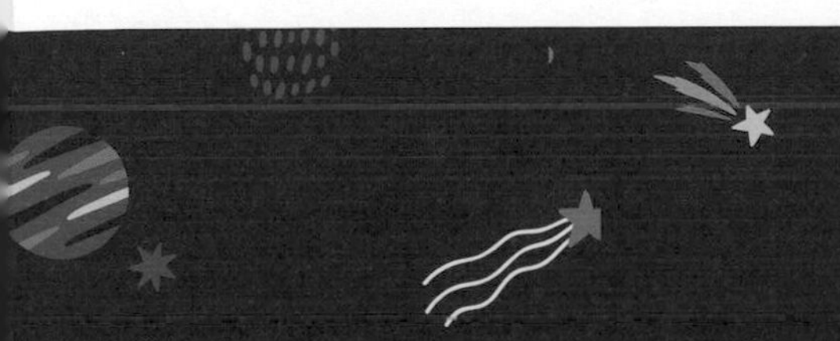

1. 哪些領域屬於「上帝的地盤」？

不是所有的事情都需要喊“Oh my god!”很多事情，你只要呼喚科學家就行了。

我叫李傑信，是名科學家，在 NASA（美國航太總署）工作了四十多年。我這大半輩子都在探索未知的宇宙，如今退了休，想把我這些年探索到的未知和大家說一說。

每個人都有探索未知的欲望，而欲望的強烈與否決定了能探索到的未知深度。或許我的探索欲望強烈了一些，對於愈困難的事愈想去探索，而愈探索卻也發現愈多迷惑，這大概就是我在 NASA 工作了四十多年的原因吧。

這本科普書的第一篇文章，我要先和大家說一句：「有些事情屬於科學管，掌握在人類手裡；有些事情科學不能及，就被上帝搶了過去管。並非所有事情都能通過科學解決，但也不是所有事情都要問上帝。」

將科學與上帝劃清界限

曾經，毛澤東與物理學家楊振寧探討過這麼一個問題：「將一塊物質無限制地一分為二，會不會有盡頭呢？」

毛澤東是唯物論者，他基本認為，依據唯物論的理論觀點，萬物都是可以被無限切分的，一直到無窮小、甚至接近於無。然而在科學領域，卻並非如此。

我們都知道，在物理學中，一旦長度小於 10^{-35} 公尺時，人類便無法以目前已知的物理規律去理解它；同樣地，當時間小於 10^{-43} 秒時，人類也無法以目前已知的物理規律去預測它的下一個動作。於是，我將長度小於 10^{-35} 公尺、時間小於 10^{-43} 秒的領域，劃定為「上帝的地盤」。

然而，不管時間再小、體積再小，肯定仍然會有一個物理規律約束著它們，只不過是從目前人類研究的科學領域尚無法獲知罷了。也正因如此，許多宗教、教派就振振有詞地將之歸於上帝管轄，畢竟在上帝的地盤中，祂全知全曉；以前問過的、現在還沒問過的人類所有感到疑惑的問題，上帝都一步到位，全有答案。

把「地盤」交給上帝，我們並不情願

不過，我們一直在「侵犯」上帝的地盤，而原因也很簡單：人類無法用科學解釋的問題，那便歸於上帝；但隨著我們不斷地探索與發現，對生命、宇宙的瞭解愈來愈深，上帝的地盤也就愈來愈小了。

身為人類，探索未知是深植在我們基因裡的原始呼喚。於是，隨著我們不斷地探索，終於把物質切分到 10^{-35} 公尺，也追溯宇宙的起源至宇宙大霹靂後的 10^{-43} 秒。然而，這並不是終點，我們當然想讓小於這兩者的時間、物質仍遵循物理規律，只不過現在我們還不知道這些物理規律罷了。

我一直期待著，人類可能將粒子體積切分到更小，或是把時間精確到更接近宇宙大霹靂的瞬間，讓我們瞭解宇宙從無到有，瞬間膨脹的過程……。

當有一天人類做到這種程度，上帝的地盤也就僅剩微乎其微了。

以「有始有終」探究「無始無終」

其實，我們無非是想要追尋宇宙最初的樣貌。然而，這一問題的難度，不在於我們是否能夠一路推導至宇宙「出生」的 0 秒，而是在於突破 0 的關卡，去看看宇宙出現前的「昨天」是怎樣的一番光景。

現在的宇宙仍在繼續膨脹，而且如果沒有新的外力介入，宇宙空間將會永遠膨脹下去；我們既不能看到它的開始，又不能見證它的結束；宇宙，無始無終。

而相對於我們——生命而言，一定是從某一個時間起始，又在某一天終結；生命，有始有終。

我的一生，就是用有始有終的生命，在探索無始無終的宇宙，這讓我略感悲愴和無奈，但也讓我更加熱情和努力。

還好，人類到目前為止已經有了許多的科研成果，我們已經大舉侵犯了「上帝的地盤」。當然，宇宙仍有著無數的未知，這將指引著我們繼續前行。而我，也將一直走在科普的路上，將我這些年探索到的未知與您分享。

2. 質子與中子造就了生命起源

人，總有一死。你要不要在死之前知道你是怎麼來的？

上文說到：探索未知是深植在我們基因裡的原始呼喚。我們對萬事萬物都是如此，當然對我們自己也應如是。那麼，問個最簡單的問題：人類是怎麼來的？

我想，我們應該將這個問題分成兩個時間段去討論；這兩個時間段，應該是根據科學發展的程度來劃分。

千百年前，人們並不知道物質的組成，也不知道最初的人類究竟是從何而來；儘管如此，也總是需要為人類的存在討個說辭，這便出現了許多「神話」與「文明」。在神話中，是上帝創造了人類，而人類的一切、物質的起源也歸上帝管。然而，當科學能夠解釋問題時，那就不屬於「上帝的地盤」了。當我們發現形成物質的分子、瞭解物質形成的過程後，「上帝造人論」 也就僅存在於宗教信仰中了。

神話有趣，科學有依據，下面我們就分別聊一聊二者世界中的生命起源！

「神話」中的人類起源

我們先從西方文化的神話說起。《舊約．創世紀》（《聖經》中的第一篇章）中說：上帝第一天創造出光、暗、晝、夜，第二天造出星空和水，第三天造出陸地、海洋、植物，第四天造出太陽、月球、星星，第五天造出水鳥、魚類，第六天造出動物以及「統領萬物」的人類，第七天上帝有點累了、休息一下。

而中國文化中的人類起源就有些尷尬了。盤古開天闢地，嘔心瀝血，將血肉軀體化為神州大地上的日月星辰、四極五嶽、風雲雷霆、田土草木、雨澤江河。然而，當他「竣工」以後才發現：咦？我忘記造人了！想必人們聽到這個節骨眼上就有點兒失望了，原來我們人類是可有可無的啊。不過沒關係，我們還有女媧！女媧造人的故事似乎與《聖經》有些類似，都有「七天」的概念。她預留了六天創造雞、狗、羊、豬、牛、馬等六種重要畜生，並在第七天來到河邊，依照著自己的樣子塑造了「小人」。

以此二種理論為根基，人類便把生、老、病、死，以及生命中的不幸等問題用「上帝」的意願做解釋。然而，科學家是絕對不允許上帝「橫行霸道」的。於是，經過我們不斷地探索，終於從科學的角度解決了人類起源的問題。

地球生命的時間線

讓我們換個角度。在科學的世界裡，生命、人類又是如何出現的呢？

45.5 億年前，太陽系和地球同時形成了。這時候的地球上都是熔岩，並且不斷受到小行星、彗星撞擊。彗星上帶有大量的冰，在撞擊地球的同時，也為地球帶來了水，於是在 42 億年前，地球上出現了海洋。

地球雖然被海洋覆蓋，卻也有一些陸地；兩者交匯後，在日光照射下，形成了一窪又一窪的「原始濃湯」。在濃湯裡頭的分子，很有可能是通過量子力學的篩選，孕育出了地球最原初的生命化學分子。

然而，隕石風暴還在繼續，生命化學分子需要「防空洞」避難，於是它們就鑽到了地底下。直到 38～39 億年前，隕石風暴終於停止了，它們才又回到地面，重見天日。具有生命特質的化石最早出現在 39 億年前，而此後，生命的誕生又有更進一步進展的事件則是發生在 35 億年前，第一個單細胞生物——藍綠菌出現了！

再更之後的發展歷程不用多說，想必大家都能理解：生物經過不斷地演化，從單細胞演化為多細胞；從植物演化到動物。時至今日，人類已經可以追溯自己的起源了！

但還有一個問題沒有解決——地球上那些無所不在的分子是從哪兒來的？

質子、中子與人類的出現

分子由原子組成。古希臘哲學家在二千四百年前就已經有原子的概念了；現代人對原子一詞的定義是：原子為保持物質化學性質的最小粒子。但在科學不斷探索的過程中，我們將原子「剖開」，發現了原子核；而後，我們又發現了原子核是由質子和中子組成。至此，我們已經接近發現組成物質的核心祕密了。

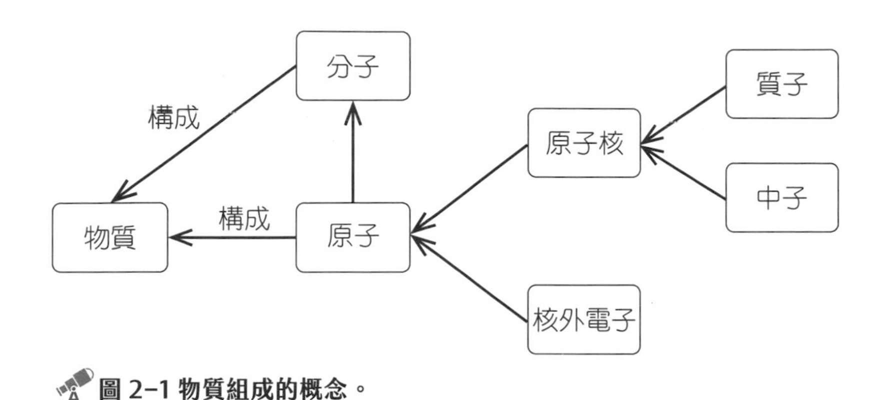

圖 2–1 物質組成的概念。

質子和中子是什麼時候出現的呢？前面與大家說到，科學家已經把時間追溯到了宇宙大霹靂後的 10^{-43} 秒（宇宙大霹靂的瞬間，還有其他的時間節點，如暴脹理論的 10^{-35} 秒，未來再為大家介紹。），而質子和中子是在 138 億年前，也就是宇宙大霹靂暴脹冷卻後的 3 分 46 秒出現的。至於這兩種粒子的現形，則是由宇宙大霹靂所產生的巨大能量轉換所形成，也就是愛因斯坦所提出的能量與物質轉換公式 $E = mc^2$。

現形後，在宇宙中的質子和中子總數量便固定下來了，成為宇宙中不可增減的資產家當；即使經過了 138 億年，還是一粒不多、一粒不少。這也表示，組成你、我身體所有體蛋白的質子和中子，也均是在宇宙大霹靂後的 3 分 46 秒時形成的。也就是說，在那時候，宇宙就已經埋下了未來生命出現的契機。

宇宙中出現質子和中子之後，這兩種粒子便通過各種方式組合，形成物質；當然，也包括了生命。這就有意思了：既然質子和中子充斥在宇宙的每個角落，並且都能以不同的「姿態」產生組合，那豈不是表示到處都有可能出現生命？

事實還真是這樣的！物質隨時隨地都有可能出現，生命當然也可能如是。而你我的生命，就是在這樣如滄海一粟的機緣巧合下所出現的奇蹟。通過我們身體中的質子和中子，竟然可以一路追溯到 138 億年前，宇宙大霹靂後的 3 分 46 秒。這麼說來，我們人類跟宇宙大霹靂的關係還真是密切呢！

3. 黑洞 M87

黑洞雖然神祕，但我們正在脫去它的「外衣」。

2019 年 4 月 10 日，全球多地的天文學家同步公布了黑洞 M87 的照片。有關黑洞，有人說它是洞，有人說它是恆星，有人說它「不是東西」，那它究竟是什麼？

 黑洞是個特別特別「重」的天體

大家都知道，黑洞會把所有物質都吸引到它裡面去，可是為什麼會有這種情況？原理其實很簡單，就是源自牛頓發現的「萬有引力」。所謂「萬有引力」，即所有物質相互之間都存在著吸引力，而這股引力的大小是由質量所決定；一個物體的質量愈大，對其他物質的引力就愈強。

也就是說，黑洞的原理就好像地球透過萬有引力，把人類吸在地面上一樣。只不過，黑洞的質量可比地球大得多，因此它能吸引的物質也就更多了，甚至可以把附近的「光」都吸進去！

那麼，被吸進黑洞之後，到底還能不能出來呢？這就要致敬霍金先生的理論了。他認為，黑洞是會「蒸發」的，而且質量愈小的黑洞，蒸發的速度就愈快。等到黑洞完全「蒸發」的那一天，被吸進去的物質或許就會被放出來！不過，這個時間有多長呢？對於巨型黑洞來說，它的蒸發時間甚至可能遠遠超過宇宙的年齡！

黑洞照片是怎麼拍出來的？

我們再說說人類是如何拍攝黑洞的。

首先，這次的黑洞，是用分布在全球八個地點的「電波望遠鏡」所拍攝。在此，我就先跟大家說說，電波望遠鏡是什麼東西。簡單來說，電波望遠鏡可以接收來自宇宙天體的「訊號」。以 M87 黑洞為例，電波望遠鏡是搜集了它向地球所發射的「訊號」，並將這些「訊號」進行加工，才顯示出這張黑洞照片的。

那麼，為什麼要用這八臺被稱為「事件視界望遠鏡 (Event Horizon Telescope, EHT)」來拍攝呢？

由於電波望遠鏡的半徑愈大，就能收集更多的「光」，如此一來，便能看得更清楚。所以如果可以的話，電波望遠鏡的半徑最好能夠和地球半徑一樣大！不過，顯然這是很難實現的，所以人類才會退而求其次，在地球的八個點都布置了電波望遠鏡，並由八臺電波望遠鏡所搜集的數據去合成黑洞的照片。

究竟具體的做法是如何呢？M87 距離我們 5,500 萬光年，於同一時刻，它所傳過來的「訊號」，在八個不同地點的強度、相位都不一樣；而且由於地球一直在轉動，這八臺電波望遠鏡相對於 M87 來

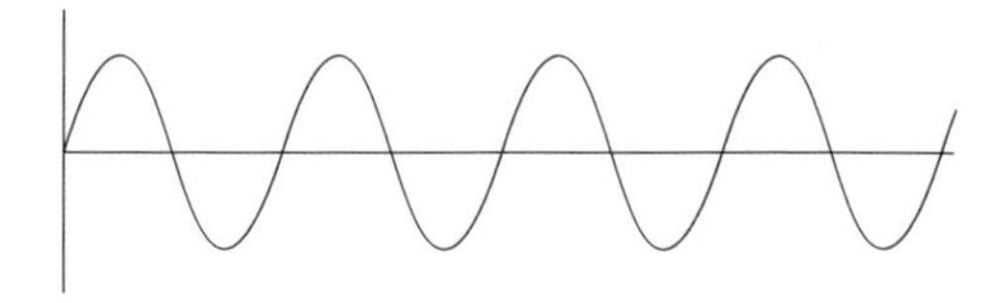

圖 3-1 黑洞「訊號」傳播示意圖。

說也是不斷轉動的，也就是說，電波望遠鏡每一秒鐘相對於 M87 的位置都不同，這就相當於在地球上放置了好多好多的電波望遠鏡！

人類需要在八個電波望遠鏡的地點都安排一個「原子鐘」，就是那種即使經過一億年也不會有 1 秒誤差的時鐘。通過它確定了來自 M87 黑洞「訊號」的相位之後，便能合成出黑洞的照片。

其實這項工作從兩年前就開始做了。人類用五天時間，搜集了 3,500 TB 容量大小的黑洞資料，並用飛機將硬碟資料運送到一個地點（因為資料量太大，沒法用網路傳輸），然後在之後的兩年時間中進行數據處理，直到 2019 年 4 月 10 日才發布結果。

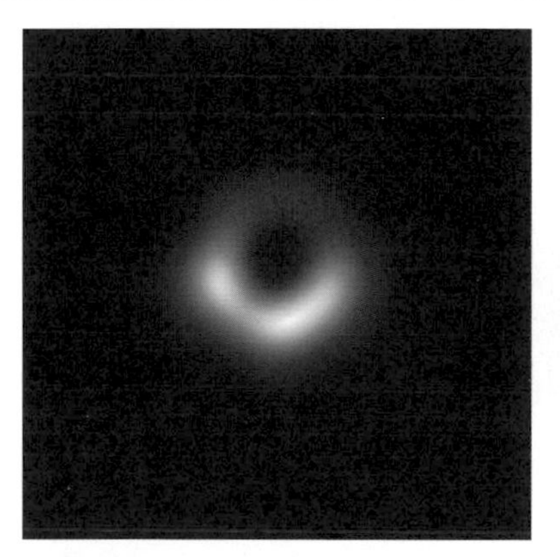

圖 3–2 2019 年 4 月 10 日，「事件視界望遠鏡」第一次直接拍攝到室女座內超巨大的橢圓星系 M87 核心黑洞，其質量為太陽的 65 億倍。(Credit: EHT)

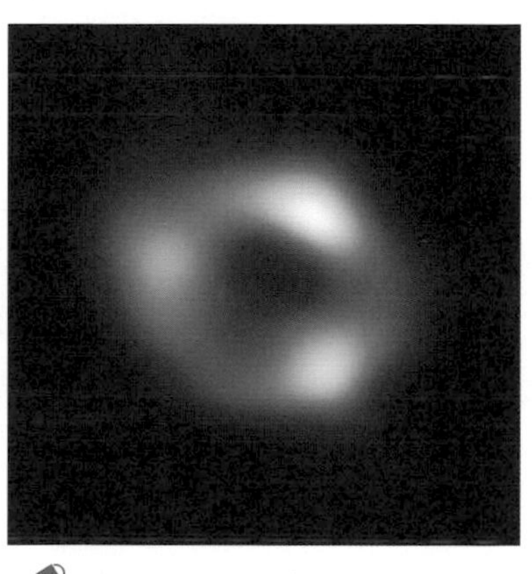

圖 3–3 2022 年 5 月 12 日，「事件視界望遠鏡」首次為人類直接拍攝到在人馬座內的銀河系核心巨大黑洞，其質量為太陽的 415 萬倍。(Credit: EHT)

黑洞有什麼特別的？

你可能想問 ：「黑洞有什麼特別的 ？ 為什麼我們非要瞭解它呢？」

黑洞的特別之處，就在於科學不能完全掌握它。科學可以解釋地球、太陽、土星、木星，但是科學不能完全解釋黑洞。舉個例子：一般情況下，我們知道一個物體可能有各種資訊，比如長相、身高、體重 、年齡等等 。但是一旦進入黑洞裡 ，就只存在 「質量」、「轉速」、「電量」 這三個參數。

我們總會認為，當一個人被挫骨揚灰，那就代表他的存在煙消雲散了；但事實上只要是在地球上，即便挫骨揚灰，他的 DNA 或更多訊息也依然可以附著在骨灰上。然而進入黑洞以後就不同了，除去「質量」、「轉速」、「電量」以外，其他訊息都不復存在了。那麼，這些資訊到哪兒去了？這個問題我們沒有辦法用現有的物理知識來解釋，也正因此，我們才要研究它，努力理解它！

黑洞只「吃」不「吐」嗎？

黑洞就像一頭飢餓的怪獸，它會不停地「吃」東西是肯定的。但是就像我們吃東西不能過快，否則有噎著的風險；如果它吃得太快了，就有可能「吐」東西出來！

黑洞本身有很強的磁場，周圍的氣體都繞著黑洞高速旋轉。由於氣體本身帶電，在旋轉的過程中，它們和磁場間會發生作用，彼此摩擦，產生很大的熱量，這種熱量會讓氣體發光，將光子噴射出來。而這些噴射出來的光子所傳達的「訊息」，也同樣可以被我們的電波望遠鏡捕捉到。

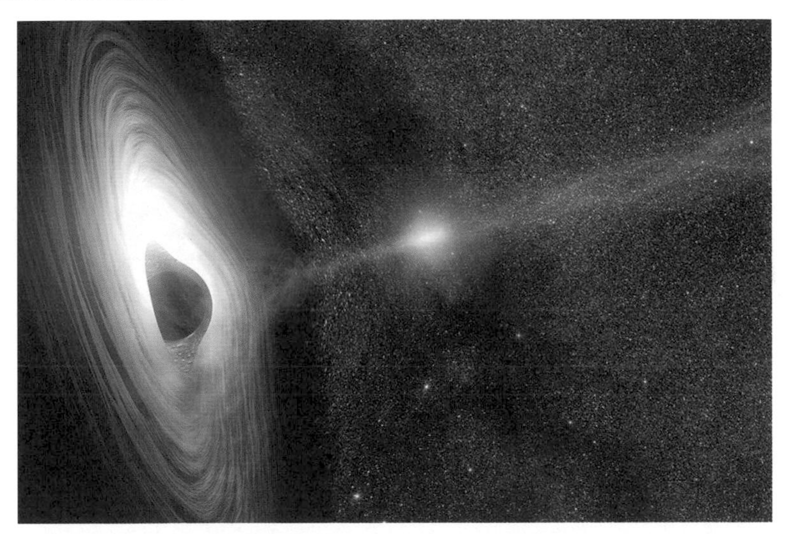

圖 3-4 黑洞噴射光子示意圖。(Credit: NASA)

不過有些遺憾的是，這一次拍攝的黑洞照片裡面，並沒有「噴射」的照片，希望未來我們有機會可以看到這一幕！

猜猜看，進入黑洞會怎樣？

如果有個人漸漸抵達黑洞的邊緣，會怎麼樣呢？由於光在黑洞的邊緣（事件視界）已經不能逃逸了，時間也會在那裡凍結，所以我們做為位於遠距離觀察的觀測者，會看到這個人的身影凍結在黑洞邊緣，永遠也看不到這個人進入黑洞。但實際上，此時他已經進入黑洞了。不過，就算進到了黑洞當中，訊息也沒辦法傳遞出來。

所以，進入黑洞到底會怎麼樣呢？我們可以大肆想像——

1. 瞬間消失，不存在了。
2. 被拉成「麵條」。因為在進入黑洞時，頭和腳的引力差異很大，所以人就會被「拉成麵條」。
3. 進入另外一個未知世界。進入黑洞後，就切斷了和外界的聯繫；在外界觀測者的眼中，這個人被凍結在黑洞邊緣，但是對於當事者來說，或許是進入了一個全新的、可以操控時間的世界！
4. 被「打散」，變成一個個在黑洞半徑內旋轉的粒子。

你更傾向於哪種結果呢？

4. 跳舞的黑洞

你知道黑洞會「吃人」，但你知道黑洞會跳舞嗎？你能想像兩個黑洞面對面時所發生的場景嗎？你一定想不到，兩個跳舞的黑洞幫助人類發現了宇宙中的神祕能量！

兩個黑洞靠近是什麼樣子？黑洞的質量巨大，會吸引周圍的物質，並且讓它們的形象在我們的視野中，凍結在事件視界（黑洞的邊緣）。兩個大質量的黑洞在一起，就會相互吸引、靠近；而它們的靠近，甚或相撞，勢必會釋放出很大的能量。不過，人類從預言到發現，再到初步瞭解這股能量，卻花了一百多年的時間。

跳「華爾滋」的黑洞

兩個黑洞在不斷靠近的過程中，基本是要旋轉靠近的，就像是在跳華爾滋。當然，由於宇宙中的黑洞太多了，我們不能排除兩個黑洞以接近直線的方式靠近，並最終發生碰撞的可能性。

旋轉是宇宙中所有物質的常態，在旋轉接近的過程中，兩個黑洞也會不斷吸收周邊的物質。至於這個過程要經歷多長時間，我們就不得而知了；可能是幾億年、十幾億年都說不準！

我們所觀測到、旋轉靠近的黑洞周邊，其實會泛起「陣陣漣漪」，那就是引力波。黑洞相互靠近時，它們的「勢能」降低，釋放出的能量就包括電磁波和引力波。引力波和電磁波一樣，以光速傳

圖 4-1 兩個黑洞旋轉靠近時，周邊會泛起引力波的「陣陣漣漪」。(Credit: NASA)

播。目前我們在地球上，應該可以檢測到某些黑洞因互相靠近合併後，所釋放出來的引力波。

電磁波我們比較熟習，以後也還會再聊很多，這裡我們就先說說這個由愛因斯坦所預言、另外一種能量傳播的形式——引力波。

從電磁波到引力波

1865 年，馬克士威創造了電磁波理論，並發現光也是電磁波的一部分。光在全宇宙中存在，也就等於電磁波在宇宙中無處不在。當時這一發現震驚世界，這也代表著，我們的世界就是電磁波的世界。經過五十年後的 1915 年，是電磁波最輝煌的時代，此時電報已發明一陣子了，人類在距離很遠的地方都可以進行即時通訊。這時候人類的文明，就是電磁波的文明。

到了今天，人類依然是生活在電磁波的世代。但在 1915 年，愛因斯坦就預言了另外一種可以和電磁波分庭抗衡、平起平坐的波的存在，那就是——引力波。

人類經過一百年的科技發展，發明了雷射干涉儀，才偵測出引力波來。第一個發現的引力波是 GW150914，它是兩個黑洞碰撞合併，並且衰蕩後所釋放出來的引力波。發生碰撞的這兩個黑洞質量分別是 29 個太陽質量、36 個太陽質量，從理論上來講，這兩個黑洞相撞後，應該會變為 65 個太陽質量，但它們相撞後，卻僅剩下了 62 個太陽質量 。那麼問題來了 ，遺失的 3 個太陽質量到哪裡去了呢？

根據愛因斯坦方程 $E = mc^2$，質量可以轉化為能量，但在這兩個黑洞相撞時，卻居然沒有一絲火花釋放出來，這就表示，這些能量完全是用另外一種形式釋放了出來，那就是引力波。

兩個黑洞或是黑洞和中子星碰撞時，也可能產生電磁波；這類電磁波一般會在碰撞前後的 500 秒鐘內產生。無論是黑洞或是中子星碰撞，被「吸入」的物質均會以極高速墜入並旋轉，然後形成帶電的氣體；當這些帶電物質在黑洞或中子星巨大的磁場中運行時，就會發出光芒，並沿著某個固定方向，從黑洞或中子星迸射離去。但 GW150914 兩黑洞相撞時，卻非常乾淨清爽，在碰撞合併前後的 500 秒鐘內並無任何電磁波介入。引力波與電磁波陰陽兩界，了無瓜葛，這也是引力波能量深不見底的神祕之處。

黑洞碰撞可以探測引力波背景？

我們已經知道宇宙電磁微波背景，是宇宙大霹靂後所產生的電磁微波；它讓我們知道了宇宙的年齡，並且現今仍一直存在於宇宙中。而引力波背景也與電磁微波背景有些類似，它也如同在大小有限的池塘中蕩漾的水波一樣，來回震盪，存在至今。

宇宙大霹靂那一瞬間所產生出的原初引力波背景，與宇宙成形後再產生的引力波，兩者不同的地方在於：宇宙成形後所激發出的引力波路經地球位置，就只有那麼短暫的幾秒鐘，稍縱即逝，而且一旦錯過就再也偵測不到了。但是，原初引力波背景很有可能是產生於宇宙暴脹前的瞬間，而且現今依然在宇宙中蕩漾，因此人類只要發展出相對應的科技，就有機會發現它。

不過，原初引力波背景已經隨著宇宙膨脹了至少億億億倍了，現在的波長甚至可能長達十幾億光年。在地球這個直徑小於 1 光秒的小小平臺上，我們又要如何才能偵測到波長長達上億光年的引力波背景的變化呢？

5. 你所不知道的光的故事

近年，美國的科研團隊據說發現了光的新特性：螺旋性傳播。我們一向知道，在不受引力場影響下，光是以常態直線的方式傳播；然而現在卻又發現光的另外一個常態：光是以螺旋狀傳播的，這究竟是怎麼一回事呢？光速做為宇宙傳播的最快速度，它與宇宙的形成、時間息息相關。下面我們就來瞭解一下「光的故事」。

光在宇宙中是極特殊的存在。在國中的物理課本，「聲、光、熱、電、力」這五大物理知識領域中，有關光的內容也是相對比較少的。但人類對於光的理解，是推動科技文明前進的主要動力。畢竟光從一出現就是以每秒 30 萬公里的速度狂奔，對於我們來說，那算是天文數字了。

在走進光的世界後，我們可能要拋棄之前生活中的感官認知，轉而通過理論和「想像力」來更深刻地瞭解它。

「肆意傳播」的光

光的特殊之處在於，它的傳播不需要介質；相對於機械波的傳播，它顯得有些肆無忌憚。雖然光的步伐可以通過複雜的物理技術，變得像自行車的速度一樣慢，但一般說來，很難有東西可以阻止光。當然，這也有例外。我們之前提到過黑洞的「事件視界」；在黑洞的事件視界，光會被「抓住」，此時在我們的視野中，它就不再向前傳播了。

相比於其他機械波，光還有一項極其另類的特質。我們依舊拿聲波舉例；人說話就是在傳遞聲波，而聲波的傳遞需要擠壓聲帶，從而發出聲音，且傳播的過程也是由聲波和介質碰撞來完成的。至於光則不同，由於光是電磁波的一種，它本身有「電」與「磁」兩種屬性，所以在電和磁的轉換過程中，光就可以傳播了，並不需要通過將勢能轉化為動能來完成傳播。

說到光的螺旋傳播，其實大家不應該感到意外才對，因為我們之前就有談到過：宇宙中所有的物理現象，旋轉是常態，不旋轉是異態；動態是常態，靜態是異態。

光是電磁波，內含磁和電，要讓它們在相互轉換的過程中「維持不旋轉傳播」幾乎不可能。況且宇宙中的物質本身就是在旋轉的，有的旋轉速度還非常快；比如兩個大質量的黑洞在旋轉，它的旋轉速度甚至可以達到光速。換句話說，宇宙中能動的就不會靜止，能旋轉的就會旋轉，動動動、轉轉轉是宇宙常態！

光的傳播速度由何而來？

我們已經知道，光的傳播速度是每秒 30 萬公里，但大家可能比較好奇，這個速度是怎麼來的。

奧勒・羅默 (Ole Romer) 在 1668～1677 年這一段時間，觀測了木星衛星繞著木星運動的時間；因為發現繞行週期是不規律的，我們才初步算出了光的傳播速度約是每秒 22 萬公里。雖然有些誤差，但至少我們已經知道，光的傳播是需要速度的！後續隨著科技的發展，我們才將光速在真空中傳播的速度確定為約每秒 30 萬公里。

我要說：光的傳播速度是「我們的宇宙」中最大的一個常數。就好像萬有引力常數在全宇宙中都是固定的一樣，光的傳播速度也是宇宙中的定數，一旦這個數值出現了變化，我們的世界可能會天翻地覆！

為什麼呢？因為光的傳播速度極可能與萬有引力常數，甚至是和質子、中子的質量，或暗物質、暗能量在宇宙中的比例等數值息息相關。宇宙現在的狀態，符合人類研究出來的一部分物理遊戲規則，而光速便是重要的遊戲規則之一；一旦它改變了，那麼太陽系和人類等可能都不會出現，而且說不定宇宙中也將有可能出現其他的物理定律，甚至是另一種文明。

光是宇宙中的最快速度嗎？

讓我們將時間回溯到宇宙起源的當下。其實在宇宙大霹靂後的 10^{-35}～10^{-32} 秒這段時間內，宇宙發生了「暴脹」，它暴脹的速度是光速的 10^{23} 倍。

愛因斯坦的相對論為我們的宇宙提供了「遊戲規則」，不過這些遊戲規則需要到「空間」存在之後才能適用的。而宇宙暴脹的這個過程，便是創造空間的過程。在過程中愛因斯坦的遊戲規則尚未啟動，所以在那短暫的瞬間中，我們發現了超越光速的存在。

當然，在「我們的宇宙」中是不能夠超越光速的。試想一下：如果我們的速度夠快，能夠超越光速，去把前一秒的光抓了回來，那麼我們所認知的時空可就完全不一樣了，許多悖論就會發生了。

例如：我們現在看到一個人出車禍死亡了，那麼我們就跑到一個小時前的時間，告訴他不要出門，那麼他就又活了過來。也就是說，既然歷史改變了，未來也就會隨之改變，那麼這一切就都不成立了。

從科學的角度出發，我們允許別人到達未來；因為即使你看到了未來的樣子，歷史也不會有任何的改變。但我們不能回到過去，因為一切全都會「亂套」了！

光很有趣，因為談到它，就不得不把宇宙起源的一些知識、愛因斯坦的相對論等等都拿出來一起談，甚至它還給了我們許多想像的空間。

6. 物質存在形式不只固、液、氣態

從小學我們就知道，身邊的物質狀態可分為三態：固體、液體、氣體，但是你知道嗎？物質還有另外一種存在狀態！本篇我們就從這第四種物質狀態——「電漿」談起，說說宇宙科學中一些相對深奧的知識。

固體、液體、氣體、電漿，這是物質存在的四種狀態。前三種狀態大家可能很好舉例，但說到電漿，可能就不明所以了。事實上，在量子物質領域中還有很多狀態，例如超導、超流和玻色—愛因斯坦凝聚態等；因為它們的發現，諾貝爾獎也頒出去了好多個，不過在本篇先略去不談。

其實，我們幾乎每天都會見到的太陽，就是一個電漿；宇宙大霹靂之初，宇宙也是一個電漿。那麼，它具體有什麼特點呢？

什麼是電漿？

電漿雖然是一種特殊的物質狀態，但卻是宇宙中一種常見的狀態。在電漿物質的內部存在著高速移動的質子、電子和光子，還有一些其他的「背景物質」。質子和電子，一個帶正電，一個帶負電，但它們在電漿內並不會結合在一起，而是在電漿內高速移動，這就是電漿特殊的地方。

太陽就是一個很大的電漿，它能維持這樣的狀態，就是因為具有持續不斷的能量供給。一旦沒有了能量供給，質子和電子便會結合在一起，那麼電漿態也就消失了。在太陽內部，我們可以將它理解為持續不斷地發生「核變」，釋放出巨大的能量，所以太陽才能夠維持著「電漿態」。

電漿有什麼用？

電漿在 1879 年被發現，直到 1950 年左右，我們對它的研究就比較透徹了。之後，它也被應用於很多方面。在生活上，我們有人造的電漿，可以應用於一些生產產品專案中，比如電漿電視、嬰兒尿布表面防水塗層、增加啤酒瓶阻隔性、研究電腦晶片等等。

當然，這些跟宇宙科學沒有太大關係，只是讓大家更好地理解電漿。它在宇宙科學中的應用，就在於研究宇宙起源，或是發現一般物質、暗物質和暗能量在宇宙中各自擁有的百分比例等複雜的科研專案。

例如大霹靂之初，宇宙是一個巨大的電漿。後來，物質冷卻之後，運動速度也慢了下來，帶正、負電的粒子合併，產生了不帶電的物質，奠定接下來宇宙「凝聚」的基礎，後續世間萬物才有可能出現。不過，其實目前的宇宙中，仍然有 99% 是電漿。所以說，要瞭解非常重要的宇宙起源，其實就是依靠電漿和黑體輻射來進行研究的。

黑體輻射又是什麼？

黑體輻射其實是一種相對理想的概念。正常的物體具有不斷輻射、吸收、反射和讓電磁波穿透的性質；但電漿只有完全吸收和向空間 360 度均勻輻射電磁波出去的性質，物體表面並不會反射電磁波。電漿不反射電磁波，遠遠看過去就是一片黝黑，所以電漿就是黑體。而黑體輻射出去的電磁波在各個波段的強度不同，只和物體表面的溫度有關，這便是黑體輻射的神奇之處。

我們都知道，黑色可以吸收所有可見光，這就是為什麼夏天比較曬、穿黑色的衣服會比白色更熱。由於黑色吸收了 100% 的光，不會發生反射，所以我們才將這種理想的概念定義為「黑體」。

這麼一說可能讓人感覺太深奧了，不如來舉個簡單的例子：天黑的時候，皮膚黝黑的人就更容易隱藏起來了，因為別人不容易看他；但是通過黑體輻射，我們便可以使用對紅外線敏感的「夜光鏡」，發現他散發出來的電磁波「熱量」，這種實例在軍事當中應用極大。目前，黑體輻射已經被應用於製造「隱形轟炸機」。這類飛機的機體只以 360 度的黑體輻射能量，回應掃描它的雷達電磁波，並不會直接反射雷達的強勢信號，如此一來，就隱形了。

而在宇宙科學的研究中，黑體輻射則被應用於理解宇宙背景微波，這對於宇宙起源、暗物質與暗能量的研究，有著極大的貢獻。

無論是暴脹理論，還是電漿與黑體輻射，這些其實都是人類對宇宙微波背景的理論解讀。後續，我們就要談到以這些理論為基礎，得出的宇宙一大觀測結論：我們的宇宙，擁有平直幾何的特性。

7. 宇宙電磁微波是什麼？

宇宙中的電磁微波有很多來源，一些是近代產生，一些是古代留下，還有一些是在宇宙大霹靂之初就存在的。我們「聽」得見宇宙電磁微波，但卻看不到它。

電磁微波究竟是什麼？又要如何「聽」到呢？

古語有言：「餘音繞梁，三日不絕。」說的是一個人歌唱得好聽，歌聲可持續繚繞三天，這當然只是一種誇張的修辭手法。不過，宇宙大霹靂的聲音卻是的確到今天還能「聽」到！

宇宙大霹靂的聲音，是由宇宙背景微波傳播出來的。我們今天「聽」到的宇宙大霹靂的「聲音」，就是把電磁波想像為羅曼蒂克的美妙「聲音」的結果。

1929 年，科學家哈伯發現，宇宙是在不斷膨脹的，並由此倒推得知，宇宙曾經有一個趨於無窮小的時刻，即是宇宙大霹靂的瞬間。後來，經歷了 35 年科技的發展，我們終於真真切切地「聽」到了宇宙大霹靂的「聲音」。

宇宙大霹靂的聲音就像「彈鋼琴」，電磁微波的波長有長有短、有低頻有高頻。電磁微波的波長低於 0.3 公分，就很難穿透大氣，所以最初我們在地球上獲取的電磁微波並不完整。

那麼，剩下的電磁微波該怎麼測量呢？當然要「上天」了！1989 年，我們將第一代衛星送到太空，測量了所有的微波頻率；

2001 年，送上第二代衛星；2009 年，又送上第三代。經過資料的採集、「超級電腦」的資料分析與幾千個科學家日以繼夜的工作，我們才終於「聽」到了宇宙大霹靂的全部聲音！

圖 7–1 第三代普朗克衛星採集的宇宙電磁微波圖像 。(Credit: NASA/ESA/Planck)

電磁微波讓我們重新認識宇宙

這三代衛星共花費了大概 50 億美元，不過這筆開銷也換回了不少的回報：我們不僅「聽」到了宇宙大霹靂的全部聲音，還有了一個大的發現——宇宙其實是一個巨大的電漿。

我們將從天上觀測到的資料數據，與人類已經研究出來、有關電漿的物理理論相對照，發現這兩者是完全吻合的！於是，透過物理理論的推算，宇宙的年齡是多少、宇宙中有多少常規物質、有多少我們不知道的暗物質和暗能量，這些資訊就都瞭解了！

1960 年代我們發現，一般物質，即日常中穿的衣服、吃的東西等等，所有在化學元素週期表上出現的這些物質，只占了全宇宙物質的 5%。當時我們僅僅知道一個大概的比例，但隨著第二代衛星、第三代衛星被送到太空，暗物質、暗能量、一般物質所占的比例也愈來愈精準了。

現在暗物質、暗能量仍然躲在「幕後」，我們無法獲取它們的資訊。所以未來，我們可能會花費更多的人力、物力去研究它們。如果有一天我們揭開了暗物質、暗能量的面紗，那麼宇宙對於我們來說，可能又是新的一片天地了。

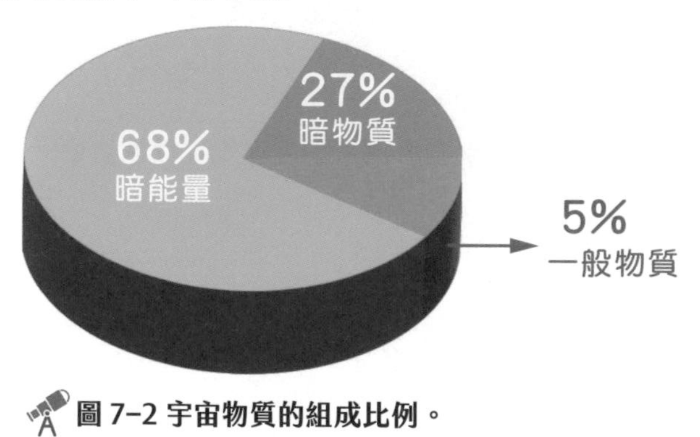

圖 7-2 宇宙物質的組成比例。

其實，發現暗物質、暗能量這件事情本身，就足夠讓人類興奮一陣子了。在這之前，「我們不知道」我們不知道暗物質、暗能量的存在。現在，「我們知道了」我們不知道暗物質與暗能量的本質，這本身就已經是科學上的突破了。

在「我們知道我們不知道」以後，就會更努力地去探索、發現未知。暗物質、暗能量也可能是未來幾代、甚至幾十代科學工作者需要去攻克的難題，也是讓他們產生激情的原動力。

8. 隱藏在常識中的宇宙測量理論基礎

通過前面多篇文章內容，我們明確了宇宙大霹靂後有幾個關鍵時間點。在本篇，我們將介紹隱藏在常識當中的宇宙測量理論基礎。

我們已經知道，宇宙大霹靂後有幾個重要的時間點：

1. 宇宙大霹靂的瞬間，釋放出極大的能量。
2. 宇宙大霹靂後的 10^{-35}～10^{-32} 秒，宇宙暴脹。
3. 大霹靂後的 3 分 46 秒，質子、中子等物質形成。

接下來，我們就來瞭解一下，宇宙大霹靂後的另外一個重要時間節點——37.6 萬年。

圖 8-1 橢球形，中國國家大劇院。

這一個時間節點，與「我們的宇宙擁有平直幾何的特性」有關，也就是說，我們的宇宙是在一個平直的幾何面上膨脹的。大家想像一下，宇宙大霹靂後的膨脹方式可以有很多種，比如「球形膨脹」、「馬鞍形膨脹」；事實上，這也是愛因斯坦相對論的核心思維。

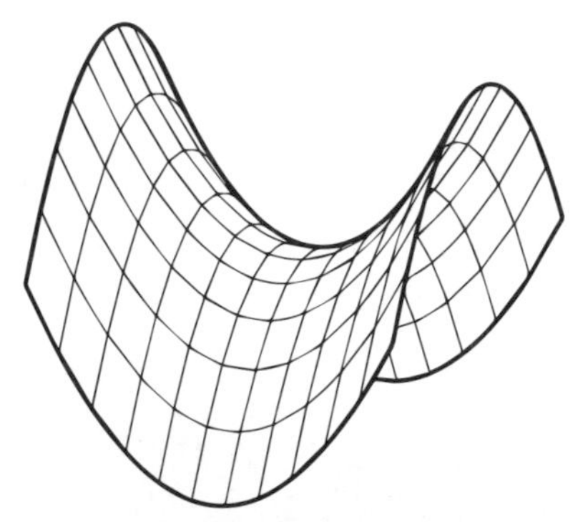

圖 8-2 馬鞍形。（Credit: 張瑞，中國科學技術大學數學科學學院）

宇宙膨脹的方式對於我們來說很重要，它不僅是科研所得出結果，同時也是一些重要宇宙理論的基礎。下面我們就來好好談談這件事。

三角形的內角和是 180° 嗎？

從國中開始，老師就告訴我們：三角形的內角和為 180°，這也是我們解答幾何題的重要理論基礎。然而，三角形的內角和一定是 180° 嗎？答案當然是不一定！三角形的內角和是 180°，僅僅是在平面幾何上成立，一旦有了弧度，就完全不一樣了。

在球形上的三角形，我們用地球來舉例。我們想像，用任意兩條起始於北極點的經線和赤道組成一個三角形。由於經線和赤道是垂直的，那麼光是這個三角形的兩個內角就已經等於 180° 了，所以三角形的內角和一定會超過了 180°。也就是說，內角和超過 180° 的三角形是存在於球面上的。

再說說三角形內角和小於 180° 的情況。與在球形上相反，如果是在馬鞍形上，那麼三角形的內角和就一定會小於 180°，我們透過圖 8–3 就可以清楚理解了。

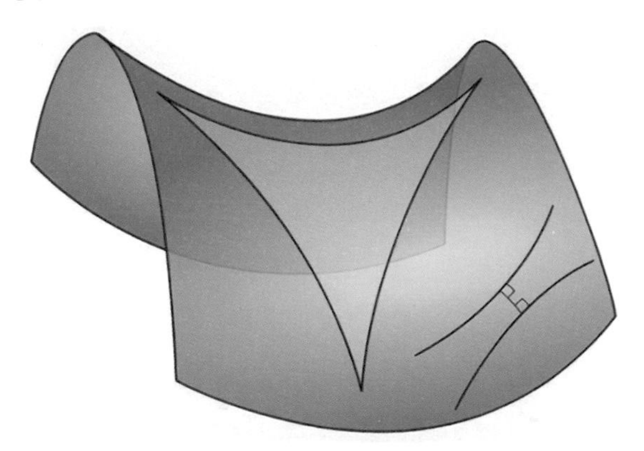

圖 8–3 馬鞍形上的三角形內角和小於 180°。
(Credit: Wikipedia/Public Domain)

有了這些基礎知識，我們就可以繼續瞭解為什麼能夠確定宇宙是平直膨脹了。

37.6 萬光年，宇宙的天尺

在質子、電子、中子等物質出現後，它們在宇宙中相互擠壓、碰撞，這時候溫度就升高了。在它們的碰撞過程中，光子當然不甘示弱，也將新加進來的質子、電子往外推，溫度便又降低了些許。

在如此一擠一推的過程中，就形成了宇宙電磁微波溫度表現上的「聲波震盪」。

說到這，大家要先明白我們在上一篇所講的內容：宇宙當時是電漿，質子抓不住電子，整體帶電。瞭解這一點後，我們繼續說回宇宙的狀態。「聲波震盪」一直持續到大霹靂後的 37.6 萬年，宇宙的溫度降低到絕對溫度 3,000 K，此時電子運動速度已經慢到可以讓質子抓住了。質子的正電加上電子的負電，便剛好中和為零，於是宇宙不再帶電，光子不再被電漿包圍，便從中逃逸出來，至此，宇宙有了光！

到目前為止，我們所測量到的宇宙背景微波資料，都是大霹靂後的 37.6 萬年，宇宙被點亮的「一瞬間」產生出來的資料。在 37.6 萬年被點亮的那一瞬間 ， 宇宙就在天上留下了一把 37.6 萬光年的「天尺」，而這把珍貴的「天尺」來自電漿的「聲波震盪」，原理雖然不難懂，但要花點篇幅才能解釋清楚。這把「天尺」的作用，與宇宙中的造父變星和超新星被用來做為亮度的標準燭光一樣，是天上一把量測長度的尺標。有興趣的朋友，可細讀《宇宙起源》一書有關「聲波震盪」的章節，會有巨大的收穫。

如何測量出平直的宇宙？

瞭解上述的這些後，我們終於可以進入正題。宇宙大霹靂後即開始膨脹，而具體膨脹的方式我們預測有三種：球形、平面形、馬鞍形。就在 37.6 萬年的那個瞬間，宇宙給了我們答案。

我們究竟該如何解讀宇宙給我們的答案呢？首先就是觀測，我們用相對論計算一下，37.6 萬年時，宇宙的直徑大小約是 8,500 萬光年。此時，從宇宙中心去觀測 37.6 萬光年長短的這把天尺，會有一個張角，我們觀測出來的資料是 1°。這就很讓人激動了！剛才我們講到：三角形的內角和不一定是 180°，也就是說，如果今天我們觀測到的張角大於 1°，表示宇宙是球形膨脹的；如果今天我們測量的張角小於 1°，表示宇宙是馬鞍形膨脹的。

通過收集背景微波資料，我們便可以得到當今的宇宙背景微波圖像。我們用第一代人造衛星 COBE 所收集到的資料，得到了圖 8–4 這個圖片。不過，此時我們收集的資料因為精確度太粗糙了些，所以尚無法告訴我們宇宙是在何種幾何面上膨脹的。

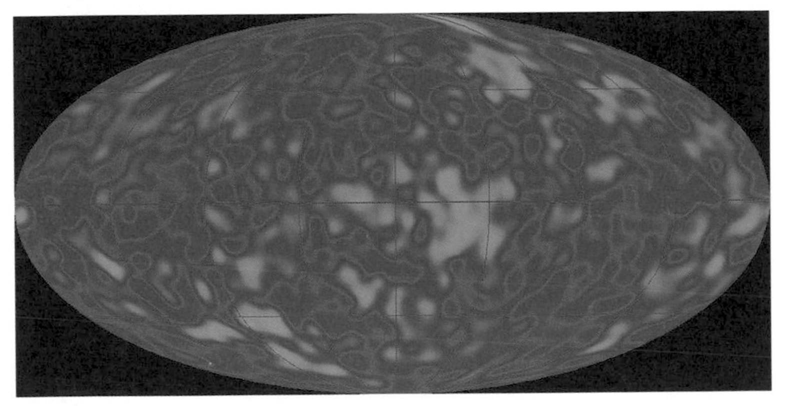

圖 8–4 COBE 測量出的宇宙背景微波圖像。(Credit: NASA/COBE)

之後，人類在南極洲用比 COBE 更精確的探測器測量，將測量資料和理論資料相對比，便清晰顯現出電磁微波在平面膨脹的特性。後續發射升空的普朗克衛星又給了我們全新的、更精確的資料。

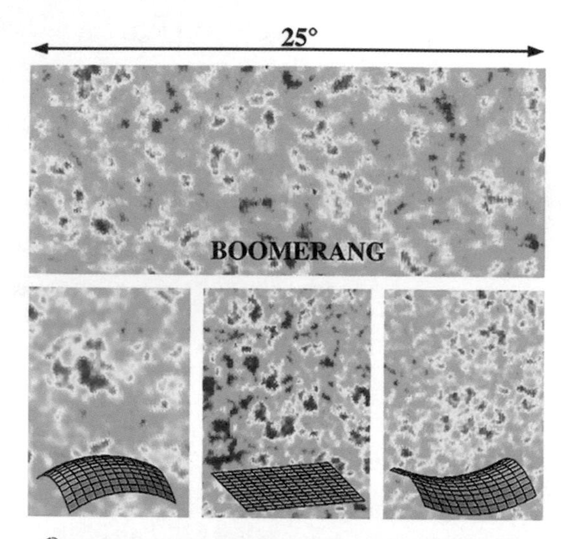

圖 8-5 南極洲測量出的宇宙背景微波在平面膨脹的特性圖像。(Credit: BOOMERANG)

隨著科技水準的進步，我們測量的精度也在不斷提升，但所有的資料都能歸納出一個結論：我們的宇宙是在一個平直的幾何面上膨脹！換句話說，我們的宇宙從 37.6 萬年那一瞬間開始，已經連續不停地膨脹了 138 億年了，而這個擁有 1° 張角的等邊三角形，竟然一直在一個平面上擴大，但還是和 37.6 萬年時那個三角形相似，一點都沒有變形，這也真是我們宇宙中的一樁奇蹟事件。

宇宙平直膨脹可以說是驚天動地的觀測結果。舉一個簡單的例子，因為如果宇宙是在一個平直幾何面上膨脹，而我們現在知道的所有一般物質加上暗物質所產生的引力場，只占平直宇宙引力場所需強度的 32%。那麼剩下的 68% 引力場是怎麼產生的呢？如此推敲，暗能量其實就如此先行粉墨登場，而在二十世紀末，竟也因此被發現了。

「我們的宇宙是平直的宇宙」這樣一句簡單的結論，居然讓我們研究了近百年，送上了三顆旗艦衛星，耗資逾 50 億美元；而且，還一路牽引出了化學元素週期表上的一般物質、暗物質和暗能量在宇宙中精確的百分比。這真是太奇妙了！

9. 宇宙的慈悲

上面篇幅我們提到：宇宙中理論上存在著超越光的速度，那就是宇宙大霹靂之後，在 10^{-35}～10^{-32} 秒之間發生的暴脹。它可以解釋宇宙中的諸多現象，包括宇宙萬物的出現。

我在《宇宙起源》中，有兩章內容在談論「超均勻」和「不均勻」。大家看了以後可能會覺得有些奇怪，這不是相悖的嗎？雖然從常理來說，這兩者不可能同時存在，但宇宙卻以另外一種形式，把均勻和不均勻同時展現給了我們。這些，我們可以從暴脹說起。

超越光速的「暴脹」

暴脹理論於 1980 年被提出，指的是宇宙從 10^{-35}～10^{-32} 秒之間，宇宙空間以光速指數倍的速度膨脹，之後又緩慢下來繼續膨脹。宇宙的暴脹就好比宇宙自己「按下快進鍵」一般，讓整個空間快速形成。我們知道，空間是萬物存在的基礎；我們可以理解為，暴脹的過程是宇宙想要快點兒見到我們所做出的動作。

不過，從目前來看，暴脹理論也只是一種大家相對比較認可的理論，還有一些別的理論也可以解釋我們目前能觀測到的宇宙現象。例如有科學家提出了「薄膜理論」，即宇宙中有兩個甚或多個薄膜，它們相互碰撞就產生了宇宙大霹靂。就這個理論而言，宇宙所有情況的解釋，又是另外一套理論系統的東西了。

在暴脹理論下，暴脹前與後的宇宙，可以說是完全不同的光景。

宇宙是超均勻的？

宇宙是均勻的嗎？從特定時間上來講，它是超均勻的！

宇宙大霹靂釋放出了宇宙微波背景。在暴脹前，光／電磁微波的傳播範圍遠大於當時宇宙的大小，所以電磁微波可以在宇宙空間內傳播往返、混合多次；在這種情況下，宇宙就是經過充分混合後的「超均勻」狀態。

那麼暴脹之後呢？我們剛說到，暴脹的速度超過了光速，也就是說，宇宙突然增大，電磁微波的速度已經不能充斥在宇宙之間了，於是電磁微波就再也無法散播到宇宙的各個角落了。這時候，雖然在表面上看起來，宇宙還是超均勻，不過，其實它早就存在有從宇宙零時起，便已經注入的不均勻的基因了。

宇宙為什麼會不均勻？

宇宙在超均勻的情況下，電磁微波均勻分布在宇宙中，沒有任何一個角落可以吸引周圍的物質和能量，大家都一樣。如此一來，就不會有物質凝聚。這就產生了一個問題：沒有物質凝聚，又怎麼會出現今天的太陽、月亮，還有我們呢？所以說，宇宙的不均勻可以說是宇宙的「慈悲」。是因為它想要看到各種各樣的現象、物質，甚至是芸芸眾生，所以出現了不均勻，發生凝聚，才會有後來我們的出現。

圖 9-1 宇宙物質凝聚後的星系。(Credit: NASA/HST)

其實我們還可以反過來說，由於我們出現了，所以表示宇宙一定要有過凝聚；有過凝聚，也就意味著宇宙本來便深埋著不均勻的種子，所以宇宙從一開始就一定是不均勻的。

不過，超均勻和不均勻並不衝突。其實即使到了現在，我們的宇宙在表面看起來還是超均勻的，唯有我們放大「一萬倍」觀看，才能看得到宇宙電磁微波分布不均勻的狀態。

說起來很有趣，宇宙想用超均勻的假像來掩蓋它的「大發慈悲」，不過這已經被我們發現了——超均勻是宇宙最初的樣貌；不均勻是我們萬物出現的基礎，也是本質。

10. 宇宙膨脹的加快速度真的是 9%?

2020 年前後，有新聞稱「宇宙膨脹的速度比之前快了 9%」。這是什麼意思？有什麼影響？

我曾經在《宇宙起源》書中一再和大家提到，我們的宇宙是「平直的宇宙」，即宇宙是平直向外擴張的。這個結論其實牽扯到許多科研成果，耗資巨大。現代較精確的宇宙膨脹速度，其實也是在我們知道「平直的宇宙」之後，計算出來的。接著，我們就先來談談所謂「宇宙膨脹速度變快」這個消息是怎麼一回事。

資料偵查——普朗克衛星

自宇宙大霹靂起，宇宙中就存在「電磁微波背景」。隨著宇宙不斷地膨脹，它也充斥在宇宙中。宇宙中的許多「資料」，都是通過測量電磁微波背景計算得來的。

測量宇宙資料的方法有很多，衛星就是其中重要的工具之一。2008 年，第三代測量宇宙微波的普朗克衛星上天，把宇宙的聲波震盪、不均勻分布等等全都更精確地測量出來了。根據普朗克衛星的資料，我們可以計算出宇宙膨脹的速度、暗物質和暗能量的比例，以及宇宙的年齡（138.2 億年）等等。

透過普朗克衛星的探測結果，我們當然可以得出結論。不過，我們其實還有另外一種測量宇宙資料的方式，就是——造父變星。

造父變星

宇宙中有很多度量指標，「標準燭光」便是其中之一；做為亮度指標，以它來測量距離非常好用。標準燭光有很多，其中的超新星爆炸是宇宙中最亮的一種。

造父變星是變星的一種，也是一種「標準燭光」。它的亮度會忽亮忽暗，具有規律性的週期變化，可以用來測量星系之間的距離。造父變星離我們愈近，亮度就會愈大。以造父變星原先的亮度做為標準燭光，當發現它的亮度變為本來的四分之一時，也就代表著它離我們的距離增加了一倍。

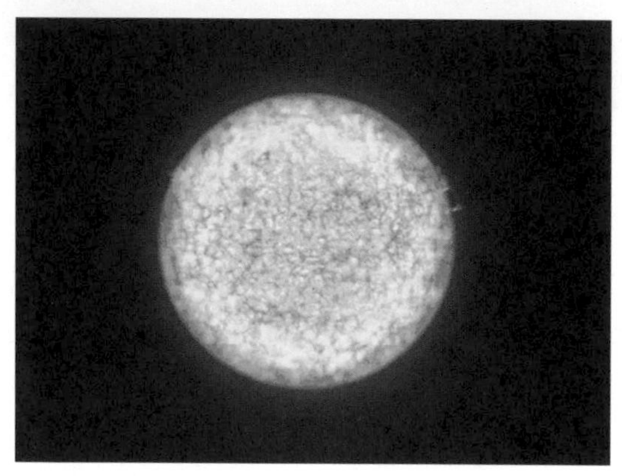

圖 10-1 造父變星。(Credit: NASA)

大家應該都知道，「宇宙在膨脹」這個結論和哈伯有關，但大家也許不知道，哈伯當初可能甚至沒有想過這個問題！

當時我們已知的是，銀河系大小大概有 10 萬光年、20 萬光年，但哈伯所發現的造父變星，距離我們居然有 1,000 萬光年，這個距離遠超出了銀河系的大小。也就是說，天上的星星並不是都在銀河系當中，這個發現被視為當初哈伯最大的貢獻。而後，哈伯又發現，造父變星的光譜發生了「紅移」，才因此發現了宇宙的膨脹！（當光源往遠離觀測者的方向運動時，觀測者所觀察到的電磁波譜會發生紅移。所以說，發現造父變星的光譜發生紅移，就證明它在離我們而去。）

兩種測量資料為何不同？

兩種測量方法我們已經說明白了，那為什麼結果會有所不同呢?

宇宙膨脹係數，可以用普朗克衛星和造父變星等來測量。不過，兩種測量方式所得到的結果都有大大小小的差異 ， 大概在 ±5% 之內。甚至，用距離我們 20 光年的造父變星來測量，與用距離我們幾百萬光年的造父變星來測量，所得結果都是有偏差的。

並且，宇宙膨脹速度如果有變化，暗物質和暗能量在宇宙中占的比例，和宇宙的密度也都會有所改變；不過這些都在可控範圍之內。宇宙神奇的地方就在於，它不會讓你有一個完全精確的結論！

根據愛因斯坦的相對論，時空是會有曲率的。本來我們測量的圓周率是 3.14159265358⋯，但由於宇宙在膨脹，圓周率在宇宙中的每一個點都是不一樣的。所以，宇宙的膨脹不是單純的膨脹，也是宇宙中度量的膨脹。

我想，從這種「沒有絕對精確」的角度來講，宇宙給了我們想像的空間和道理——世界上沒有完全的黑和白。我們一直走在不斷追尋的路上，卻又找不到最終的答案。

11. 把手伸出宇宙之外會怎麼樣？

每個人，都有自己想不明白的問題。而所有人，都有一個共同的「終極問題」——我從哪兒來？到哪兒去？活著的目的是什麼？每每想到這種問題，我們的思緒就會飄到「九霄雲外」，想到浩瀚無際的宇宙，甚至想到頭痛。今天，讓我們直接一點，思考這麼一個問題：如果我們把手伸到了宇宙外，會怎麼樣？

目前，宇宙內還有很多我們不理解的東西，包括把手伸到宇宙之外，也是「我們知道我們不知道的事」。

曾經，哥倫布向西航行、鄭和下西洋。其實，中國鄭和的大船能比哥倫布走得遠多了，不過我們並沒有理解向大洋航行的科學含義。

在大西洋向西航行，其實是非常恐怖的事。十五世紀末，人們對於大西洋的理解是：我不知道這個海洋有沒有盡頭；如果有，那它可能是一個「瀑布」，或者說整個海洋都在一個大的烏龜背上！所以，在當時人們的認知中，無窮無盡的海洋是很難征服的。不過，當時哥倫布就對他的水手們「精神訓話」，他說：不用怕，我知道地球是圓的！實際上，當時大家並沒有這個概念，只是他在有限的空間製造出了一種無限的現象。

舉個例子，在我們尚且對地球、宇宙沒有概念的時候，在地球上一直向北走，會怎麼樣呢？現在的我們可以完全不猶豫地說：在沒有被凍死或淹死的前提下，會走到北極點，如果再繼續向前，則會向南極走去。現在我們發現，其實並不存在地域性的南、北極點，它們只是我們虛構的概念罷了。同理，愛因斯坦預言說：宇宙內你能看到最遠的地方，就是你的目光回到你自己的後腦勺！這些都是想像。

再舉個例子，我們設計兩條平行線，它們會相交嗎？我們不清楚。但實際上，兩條平行線在無窮遠處可能是相交的，不過我們永遠到不了無窮遠，所以我們永遠不知道。因此我們會說，兩條平行線在我們能看到的視界內，永遠平行。

我們再談回「把手伸出到宇宙之外」的事。先想像一下宇宙大霹靂的景象：那是宇宙從一個點爆發，巨大的能量四散開來的過程。愛因斯坦的相對論中其實已經提到，時間和空間是永遠結合在一起出現的。所以，宇宙大霹靂所創造的不僅僅是空間，還有時間！

換言之，如今我們能觀測到的宇宙時空是 930 億光年大小，而 930 億光年之外，那裡是一片「虛無」，沒有時間、沒有空間，什麼都沒有。但是，那裡卻可能有「我們不知道我們不知道」的東西！所以，如果宇宙像我們推測的一樣，將會在千億年後再收縮回到宇宙大霹靂的原點，那麼「從原點伸手」，其實就和「從 930 億光年」伸手，道理是一樣的。

最重要的是，愛因斯坦的相對論是「宇宙時空內的理論」，是要在有時間、空間的宇宙下才能實踐的理論。把手伸出到尚沒有被創造出具有時空物理性質的宇宙，其實是我們在有限的時空進行無限的想像，是不可能實現，甚至無法想像結果的事情。如此說來，其實有些強辯了。不過，我們知道相對論和量子力學都不是宇宙的終極理論。或許有一天，我們知道了我們不知道的東西，就能想像這個問題了。目前，科學家們將所追求的宇宙終極理論聚焦於「超弦理論」；不過，「超弦理論」需要至少十維空間，實在是太抽象了。

雖然還沒有答案，不過知道這麼一個有趣又無法解決的問題，對於我們來說，也是蠻有意思的事。

12. 挑戰愛因斯坦的狹義相對論

許多現代化設備都用上了「光能」，比如利用光發電，利用光加熱等等。不過，這也引發了人們的疑惑：愛因斯坦說，物質的能量和質量是可以相互轉換的，那麼光難道也有質量嗎？繼續追問，如果按照相對速度來計算，我們運動起來，以光為參考系，是否都超越了光速？這麼一來，愛因斯坦的棺材板豈不是蓋不住了？

光是宇宙中非常特殊的一種物理現象，人類為了理解光，花了好幾百年的時間；到了現在，也已經相對比較瞭解光了。

光的特殊在於它是一種純能量，不同於一般物質的能量是和質量並存。也正是因為如此，它才能以光速飛奔——在真空中以 299,792,458 m/s（約每秒 30 萬公里）的速度傳播。

牛頓的時間存在於我們生存的三度空間之外，以亙古不變的滴答滴答速度前行。愛因斯坦發現，在這種思維下，牛頓力學有許多無法克服的問題，於是他發明了相對論，核心思維是他的空間和時間需要緊密地結合在一起，以四維時空出現。而在這個四維時空中，光速永遠恆定，即每秒約 30 萬公里。但只要物體一動起來，時間可以伸縮、空間可以脹縮、質量可以增減，呈現出來一個和牛頓完全不同的物理世界。

光速傳播，不能有質量

光速在宇宙中的地位特殊；以光速傳播的物理現象絕對稀少，除去光本身外，可能就是引力波了。光和引力波都是以純能量狀態存在，是沒有質量的。人類也曾經幻想，有些存有質量的物體能以光速傳播。例如太陽輻射的微中子，其速度幾乎接近光速，但還是存有那麼一點點質量，所以無法以終極的光速飛行。

微中子是我們認真在研究的東西。其實微中子的速度，我們有 99% 的信心度是 99.94% 的光速。假設微中子真的達到了光速，根據狹義相對論，它的質量就會變得無窮大！然而，一個物體如果質量到了無窮大，就根本無法以光速運行，所以說，這其中就存在著一個以相對論為基礎理論的巧妙平衡。

最終，人類得出了一個理論結果：只有質量為 0 的物理單元才能以光速傳播。這是人類在幾百年研究的掙扎中，獲知的結果。

沒有質量，光為什麼會被黑洞吸引？

這就可能引發大家的另外一個思考：黑洞質量非常大，具有強大的引力場，根據牛頓的萬有引力，可以吸引很多輕重不等質量的物體。可是光沒有質量，為什麼還會被吸引呢？

我們來回顧一下黑洞的相關定義 ： 黑洞的邊緣叫做 「事件視界」，逃逸速度剛好等於光速；而黑洞核心周圍的時空，逃逸速度則大於光速。所以，任何物體一旦進入黑洞事件視界內，包括光在內，就無法逃逸了。因為連光都逃不出來，所以從遠處望去，它就是一個黑色的天體。

我們知道，引力場會使空間彎曲；光在宇宙中，就是沿著這個彎曲的空間傳播。而黑洞的引力場特別巨大，所以在我們的視線中，就變成了「光被黑洞吸引」(實際上是引力場導致了光的傳播發生了彎曲)。

兩束相反的光，相對速度是兩倍嗎？

這個話題，我們可以先從「波」說起。波是生活中常見的物理現象，例如我們說話會發出聲波、水面上會出現水波。

圖 12-1 極「微擾」激起的朵朵漣漪微波，以水面波速度蕩漾出去。（Credit：黃建璋）

得知了超音速的飛機可以追上聲波、產生音爆，快艇的速度也可以追上水波，於是愛因斯坦就想，我能不能成為「御光者」，騎在光波上，和光並行呢？這樣一來，我便和光並駕齊驅了，那麼和我並行的那束光與我的相對速度，不就是 0 了嗎？反之，如果我迎光而行，那麼迎向我來的光與我的相對速度，不就是光速的兩倍了嗎？

要解決這個令人頭大的問題，就要說到愛因斯坦特別著名的思維實驗：在一列相對於月臺停止和運動的高鐵中，牛頓三度空間外的時間發生變化了嗎？

在圖 12–2 中，當高鐵靜止時，月臺上的人和高鐵上的人均會同時接收到 A、B 兩處閃電的光；但是當高鐵開始運動後，就必然會導致高鐵上的人先收到了 B 點的光源 ， 之後才又收到 A 點的光源！

圖 12–2 愛因斯坦高鐵運動相對時間的思維實驗。

如此看來，本來在靜止的高鐵和月臺上會同時收到的閃電訊號，在高速行駛的高鐵上，竟然變成前後收到的訊號了！這個實驗明顯地透露，時間滴答滴答的速度度量不是絕對的，而是相對有彈性、可變的！這個實驗的構思雖然極簡單，但它可能是人類有史以來最偉大的思維實驗！

這就說明了一個很重要的物理現象：速度、空間的改變是會影響時間的。而空間和時間因速度存在而相對改變的大小，不管在任何相互等速移動的情況下，剛好保證了光的速度永遠恆定不變。狹義相對論，就是以光速恆定來做為它的理論基礎。

其實，「光不存在任何參考系，一直以恆定不變的速度傳播」這一結論太神奇了！在愛因斯坦之前，沒有人相信，反而曾有人想嘗試證明，光速會在介質中傳播，而且速度會發生變化。做這個實驗的兩位物理學家是邁克生和莫立，當時他們想要證明的是：光的傳播需要介質；在介質中傳播，就應該和聲波和水波一樣，會因介質和光的相對速度不同，造成測量出來的光的速度也應該發生變化。

可想而知，這個實驗以失敗告終。沒想到在 1908 年，這個實驗又被翻了出來，而且竟然還重新被認定為成功的實驗。因為這個實驗反面證明了光的傳播不需要介質，也同時證明了宇宙中沒有所謂被當時公認的介質「乙太」。因為這項偉大的發現，這個實驗獲頒了 1908 年的諾貝爾物理獎。

光速恆定不變，是狹義相對論的基礎，我們現在也可以通過很多方式來測量。比如說，太陽系本身存在著速度，且速度對某個遙遠的星系已達到了每秒 600 公里。每秒 600 公里已經占到了光速的 1/500。如果物理的相對運動會影響光速，那麼我們應該可以測量出來，由遙遠星系傳過來的光的速度會有 ±1/500 的變化；然而，實際上人類從來沒有量到過從遙遠宇宙傳來的任何光的速度的變化。

到此，我們僅算是揭開了光最上面的薄薄一層「神祕面紗」。至於這下面還有沒有「我們不知道我們不知道」的東西，還要經過科技的不斷發展，深度挖掘。

所以說，就目前的研究結果來看，愛因斯坦的棺材板，其實是蓋得嚴嚴實實的。

13. 時間為何不同於其他維度？

許多火熱的電視劇，都與時間穿越有關。如《慶餘年》、《想見你》、《火星生活》等，大夥兒熱衷的原因，當然是因為時間在我們眼中並不可逆。那麼，時間到底有什麼特殊之處？

時間對人類來講，是一個難懂又奇妙的東西，它在人類控制範圍之外不斷運行。那麼，我們為什麼能夠感知時間在不停地變化呢？因為人類從一生出來後，就每天都在衰老、在向死亡邁步，所以我們知道時間一定跟自己有著緊密的關係。

時間的因果關係

這個緊密的關係就是因果關係，是自然給人的一個重要參數。在宇宙中，我們人類所理解的現實物理社會裡頭，因果關係是絕對不能夠逆行的。如果因果關係逆行，我們所知道的物理世界就不復存在了。

理論力學的牛頓三大定律向我們闡釋了，假設三維空間裡有物體想要移動，就會有時間維度參與進來。到了愛因斯坦時代，人們對時間、空間的認識，比牛頓時代又進了一步。人類利用望遠鏡觀測天體，發現天體在周而復始地運動時，它所重複的時間是固定的。因為我們可以很精確地觀測到，月亮圍繞地球運行一周的時間，在一定時期內是固定的；而地球圍繞太陽運行一周的時間也應是這樣。

但我們又觀測到，木星的衛星圍繞木星一周，每次從地球量測出來的時間竟然都不一樣，為什麼會這樣呢？這就要從光的傳播速度說起了。在牛頓力學出現的幾十年前，人類發現光的傳播是需要時間的；換言之，光是有速度的。第一個測量出光的傳播之人叫做羅默。羅默以實驗證明了光的傳播需要時間。由於觀測者本身會隨著地球運動，面對其他天體的位置也在不斷地發生改變，所以測量出來的天體相對運行速度也是有快有慢的。這便是木星衛星繞行木星一周的時間發生變化的原因。

既然光傳播需要時間，那麼光就一定是一種波；既然是波的話，那麼傳播時就需要介質。在宇宙間，天體都在運行飛奔，所以這個介質相對於地球，一般來講絕對不會是靜止的。圖 13–1 中，我們把這個介質當做一個個箭頭流過地球。

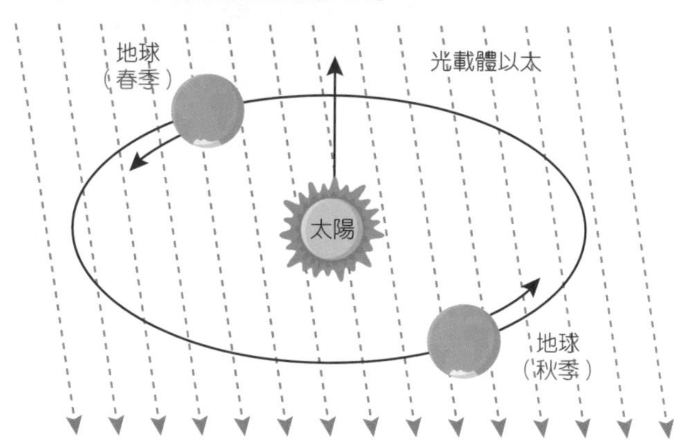

圖 13–1 邁克生—莫立的「乙太風」實驗，證明光不需要介質來傳播。太陽的箭頭表示太陽系在獵戶旋臂上，相對銀河系運動的速度，約為每秒 250 公里 。（改繪自 ：I, Cronholm144 [GFDL or CC BY-SA 3.0], via Wikimedia Commons）

地球在秋季跟春季的時候，剛好處於兩個相反的位置。位置發生改變，地球跟介質中間的相對速度也會發生變化，而我們量測出來的光波，即宇宙中光的速度，也應該會發生變化。但人類的實驗卻怎麼樣都測量不出這種速度的改變，所以最終得到了結論：光跟所有其他的東西都不一樣，光不需要介質來傳播！

人類最神奇的一個思維實驗

愛因斯坦是因為對光電效應的貢獻而拿到諾貝爾獎，所以他就把光速當成光子的速度，繼續思考這個問題。他想出這麼一個高鐵實驗：當人在高鐵上把光子當成棒球丟，棒球如果順著高鐵運行的方向丟出去，那麼在月臺上觀看這個棒球的速度，一定是丟出的速度再加上高鐵的速度；如果是反著高鐵運行方向丟的話，就是棒球丟出的速度減去高鐵的速度。所以在月臺上看到棒球運動的速度，與高鐵上所丟出這個球的真實速度就會不一樣了。

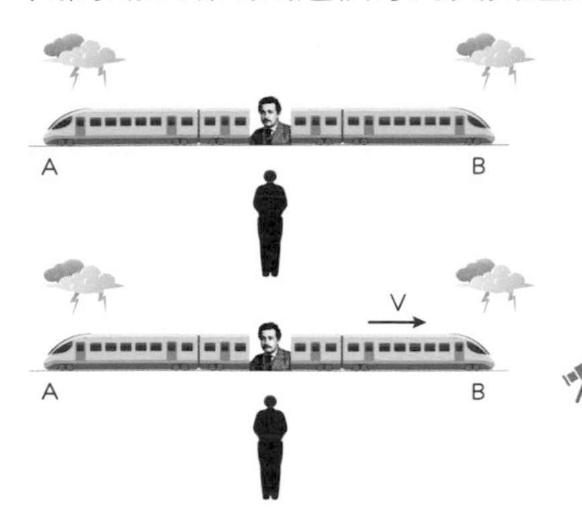

圖 13–2 愛因斯坦高鐵思維實驗：在不同的運動的空間裡，時間發生了變化。

換言之，在地球上、在月球上、在火星上，因為每個不停運動的天體運行的速度都不一樣，那麼我們測量到光子速度就會像高鐵實驗所觀測到的棒球速度一樣，是相異的。於是乎，宇宙中所有發射光子的光源，因為相對於地球的速度應該都不一樣，所以我們應該能測量到很多不同速度的光子才對。但是，人類在地球測量到的光速卻永遠都是恆定的！這就很奇怪了，到底發生了什麼樣的事情呢？

這就和上一篇所說的高鐵實驗有關了，在此再更細說一下。如圖 13–2 可見，高鐵上有個乘客，月臺上站著另一個人。然後在高鐵兩邊的 AB 兩點上空，有兩坨雲會發生閃電。

現在，高鐵在月臺是靜止的，兩個人對錶後，時間是完全一樣的。同時 A 跟 B 兩點發生閃電。高鐵上的人說同時看到這兩個閃電，月臺上的人也說同時看到。然後高鐵開始由左往右高速運行，兩人在面對面的那一剎那間，A 跟 B 兩點同時發生閃電。月臺上的人說，和以前一樣，他同時看到兩邊的閃電。但高鐵上的人說，他先看到 B 的閃電後才看到 A 的閃電。原理很簡單，閃電要傳到人需要時間，這段的時間裡，人在高鐵上又向 B 點移動了一點，人離 B 點比較近，所以他先看到 B 點的閃電，再看到 A 點的閃電。

這個實驗表示什麼意思呢？就是說在一個運動的情況下，跟在一個靜止的情況下，兩者時間流動的速度不一樣了。換言之，三維空間裡頭，在不同的運動情況下，時間發生了變化。我認為這是個人類有史以來，最神奇的一個思維實驗。通過這麼一個簡單的思維實驗，人類對時間的認識開始發生變化。

時空旅行不能改變因果關係

時間發生的這種變化，有一個遊戲規則叫做「勞倫茲座標轉移」。我們都知道，速度是距離除以時間得到的結果；如果現在光速恆定，而時間度量在高鐵和月臺上流動的速度不一樣了，那空間的長短，就要做出適度的變化，以維持光速不變。因為不管在哪個空間的運動，光速一定要維持恆定。時間跟空間永遠要兩個都同時發生變化，光的速度就把時間和空間勾連在一起了。

這個原理在物理上來講很簡單，就是剛才那高鐵的例子，但是要用數學的方式來把它結合在一起，就相對複雜一點。

時間跟空間有什麼不同？在回答這個問題之前，我們要先瞭解時間在數學中的專有名詞。宇宙的空間有無窮多種，但是時間只有一個，這個時間在數學上稱為原時 (proper time, τ)，即固有時間。而原時跟空間其中一個最大的不同，是原時永遠攜帶著因果關係。

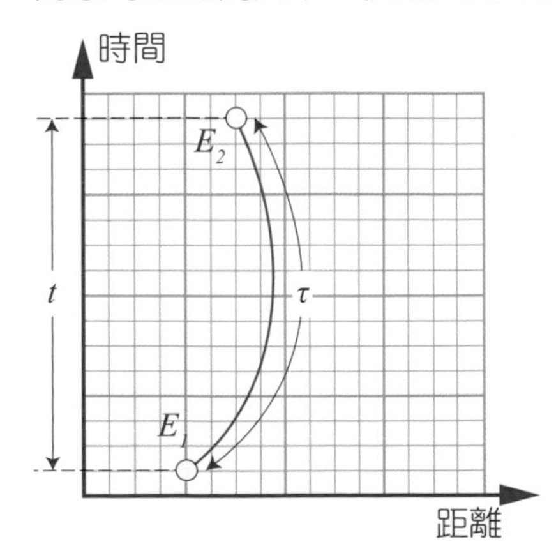

圖 13-3 永遠攜帶著因果關係的原時 τ。(Credit: Dr Greg, via Wikipedia)

時空旅行不管怎麼穿越，都不能改變因果關係。因為如果改變因果關係，讓我的祖父變成我的孫子，那麼我存在的這件事就違背了物理原則，整個物理規則就要被推翻了。物理是我們在探索宇宙的時候，所發現到跟我們觀測的現象相符合的客觀原理，是我們沒有辦法推翻的客觀存在。

於是乎，在理論上，時空穿越可以到未來，但是不能回到過去。因為到未來跟物理規則沒有什麼衝突，但到過去就是一切重組了。至於時空穿越到未來是否能實現，那就是另外一個人類需要努力理解的事了。

那麼，該怎麼改變時間呢？我們可以從兩方面著手，一個是速度，一個是重力場。

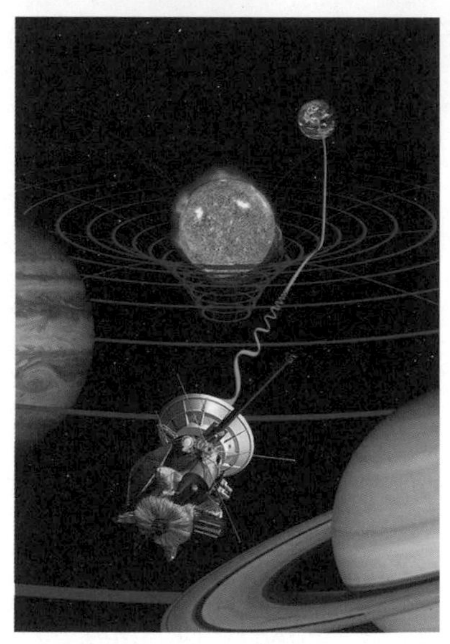

圖 13-4 卡西尼號檢測時間通過太陽重力場後的延遲效應示意圖。(Credit: NASA/ESA/Cassini-Huygens)

太陽的時間跟地球的時間不同。時間在太陽的表面，比在我們地球的表面來得慢。至於在黑洞的表面，時間則可能慢到根本不動。

在牛頓的時代，沒有辦法將時間看作變數研究；到了愛因斯坦的時代，我們對時間的認識更進了一步，發現時間是可以伸縮的，速度和重力場的變化，都會引起時間的變化。時間這個概念從相對論時期開始，變成了一個可以變化的物理參數。空間跟時間的變化要維持光速恆定，就是它變化的遊戲規則。

14. 揭祕愛因斯坦的崛起祕辛

上一篇，我們講到宇宙中最特殊的物理現象：光；其中我們提及許多物理概念，比如愛因斯坦狹義相對論的基礎是光速恆定不變。下面，我們將繼續講述相對論的科普知識，即愛因斯坦相對論的基礎理論——等效原理。

之前我們講到，如果兩個人同時在進行高速運動，一個人的速度是 100 m/s，另一個人的速度是 500 m/s，那麼他們的「時間系統」就是不一樣的。

若以運動速度慢的人時鐘為準，則運動快的人心臟跳動的速度就比運動慢的人緩慢些。也就是說，如果一個人的心跳速度比其他人慢 100 倍，那麼他就可以比別人多活 100 倍的時間！

接下來，我們就來好好談一下等效原理，它是由愛因斯坦的思維實驗「想」出來的。等效原理當中包含的兩個理論結果，以下將會分別講述。

在相同重力場中，所有密度不同的物體，加速度皆相同

1907 年，愛因斯坦在完成四維時空的狹義相對論後，僅得意了幾個月，就跌入痛苦的深淵中，日日夜夜像是發瘋似的，要將牛頓的重力場加到自己的相對論中。百思不得其解……痛苦啊！

圖 14-1 愛因斯坦。
(Credit: Courtesy of the Archives, California Institute of Technology)

當時，愛因斯坦只是一個在瑞士政府工作的低微三等專利審核專員，專門審查專利案件，每天就是坐在一間小辦公室裡，而他的辦公室大概是在樓房的高層。據說，有一天，有一個場景出現了，也不知道是他自己真的看到了，還是他憑空杜撰出來的，但毫無疑問，這個場景在人類科學文明發展史上，的確是一個重大的里程碑：他辦公室對面高樓有一個工人在刷油漆，一不小心，意外發生了，這個工人從樓上掉了下來，開始自由落體，加速墜落。我們查遍資料，並無文字記載說愛因斯坦被嚇到，反而史籍上皆異口同聲興奮地描述說，這個場景竟然衝擊出愛因斯坦如狂風暴雨般的靈感。

首先，愛因斯坦激情地想，墜落的工人是處在一個加速度的狀態，而他口袋中的瑞士小刀、木質煙斗、手帕也都要跟著他一起墜落，做加速運動。於是他就接著想，在地球這樣同一個重力場中，無論物體密度的大小，這些物體都應該以同樣的加速度墜落。這就是愛因斯坦的第一個等效原理。

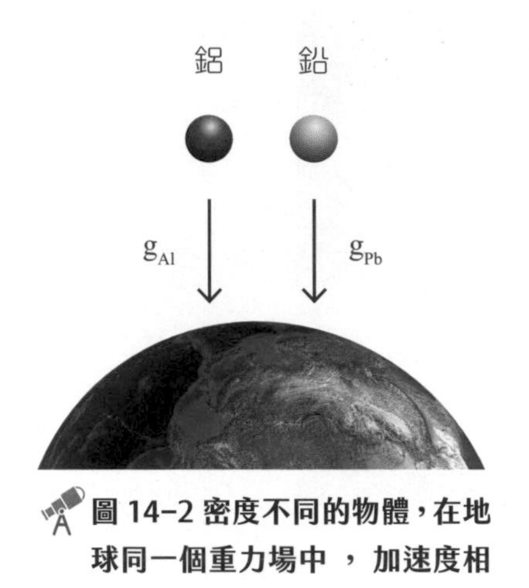

圖 14-2 密度不同的物體，在地球同一個重力場中，加速度相同。

這個等效原理厲害的地方在於，無論你運動得多快，等效原理均可以把物體身上存在的外力去掉，使其做只受引力場作用的自由落體運動。在這種「唯重力」的場景下，就符合我們剛才提到的物理規律：無論物體的密度大小，都會以同樣的加速度運動。

加速度等於重力場

愛因斯坦繼續思考，並把剛才的場景背景轉換到太空站中。假設一個人在太空站中，太空站突然以 9.8 m/s^2 的加速度運動，這時候人就會一下子踩在太空站的「地板」上。雖然在我們第三者看來，這是太空站在做加速運動，但是對於在太空站內的人來說，他們就好像站在地球重力場中一樣！

是不是覺得這是一個看似很簡單的道理？但當你明白了這個結果後，我們就會得到一個很神奇的結論：加速度等於重力場。這即是愛因斯坦的第二個等效原理。

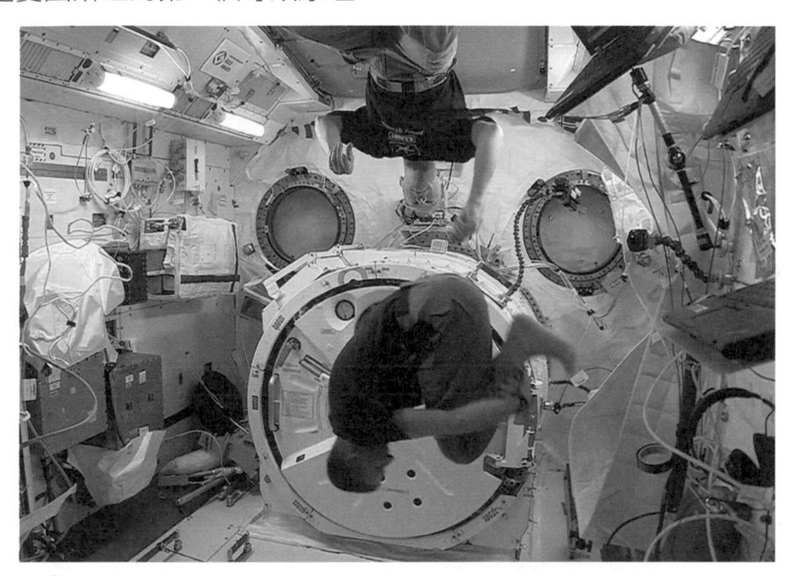

**圖 14-3 太空站自由落體運動。(Credit: NASA/JSC)**

光在重力場中會彎曲

我們現在再繼續延伸這個有趣的思想實驗：我們把電梯放在一個真空、不受重力場影響的太空環境中。開始時電梯是靜止的；這時候，我們向內部打上一道雷射光，直射過去，平進平出，沒有問題。

現在，我們人為地給這個電梯 9.8 m/s^2 的加速度，並在這時候，再從電梯的一側向電梯內打上一道雷射！可以想像的是，由於光穿越這個電梯也需要時間，於是光從電梯的另一側出來時，一定會與進來的位置不同。

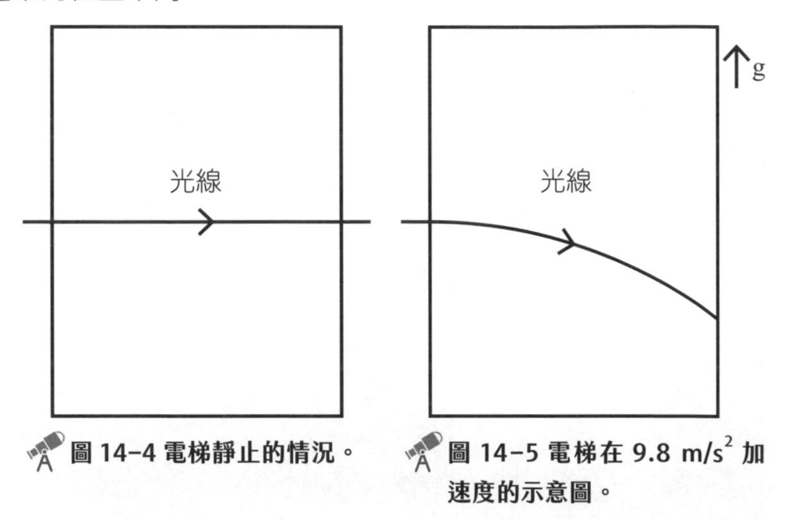

圖 14-4 電梯靜止的情況。

圖 14-5 電梯在 9.8 m/s^2 加速度的示意圖。

在上述實驗中，光在加速度中發生了彎曲；由於等效原理，我們知道：加速度等於重力場。於是乎，我們就得出了一個「驚天動地」的結論——光在重力場中會發生彎曲。根據這個結論，愛因斯坦甚至計算出來了光彎曲的角度；他在 1915 年做出了一個預測：在日全食的時候，通過太陽的重力場，光會彎曲 1.7°！不過，大家都不相信。

但是在 1919 年，發生了日全食。而實際測量的結果顯示，某個在太陽切線位置的畢宿星團（Hyades，距地球 153 光年）果然偏移了 1.7°！這個結論一出來，愛因斯坦馬上變成了人類有史以來最厲害的科學家！

以等效原理為基礎，我們可以思考出很多神奇的東西：比如我們頭的位置（離地心遠，重力場弱）和腳的位置（離地心近，重力場強）的時間是不一樣的。再拓展到更大、更難以思考的黑洞；黑洞中心的時間可能是完全凝結的，如果人在裡面，就有可能永遠生存下去……。

愛因斯坦廣義相對論的存在，就依靠於等效原理的成立。目前，我們還在不斷測量第一個等效原理的準確率，現在測量精密度已經到了一千萬億分之一 (10^{-15})，它依然成立。

為什麼我們要這麼糾結於等效原理？就是因為我們要嘗試推翻它！那麼為什麼要推翻等效原理呢？因為如果等效原理不成立，那麼廣義相對論就不成立了；如此一來，就好像我們當初推翻牛頓理論一樣，人類的物理將會發生天翻地覆的變化。也就是說，目前人類的科學建築在相對論和量子力學上，但我們現在很清楚地知道，這兩個理論都不是終極的唯一理論，因為宇宙只需要一個從極小到極大的物理理論就夠了。

推翻了等效原理，就等於推翻了人類科學的兩大支柱之一，人類科學文明也肯定會有個驚天動地的突破。現在人類正朝這個方向努力不懈……。

15. 下一個物理奇才在哪兒？

我們在看電視劇的時候，每每出現「反物理」的畫面時，我們可能就會吐槽一句「牛頓的棺材板蓋不住啦！」足見牛頓對物理學的貢獻及他在大眾眼裡的地位。但其實，牛頓所認知的宇宙很有限。今天，我們就來說說兩位物理界的巨人所認識的宇宙。

人類科技是不斷發展的過程。在牛頓的時代，對於宇宙的認知一定是受限的。

曾經，我們仰望宇宙，看到宇宙中的萬千星辰，覺得它們是亙古不變的；相比起來，我們人類就像蘇東坡所講的「渺滄海之一粟」。

不過，巨人的強大就在於，他們能用有限的生命創造出盡可能多的價值。這一點，我想牛頓和愛因斯坦都做得非常好，讓人敬佩。

牛頓的物理

我想，每一個上過高中物理課的同學應該都「恨」死了牛頓，因為高中物理的「力學」很重要，而且基本都是圍繞著牛頓三大定律展開，包括：慣性定律、力是改變物體運動狀態的原因、作用力與反作用力同時存在。

因為被蘋果砸中腦袋，牛頓發現了萬有引力；這個物理結論非常重要，但卻也讓他陷入一團「迷霧」之中。有人就提出了疑問：

既然萬有引力無所不在，那麼天上的星星、月亮之間都會有引力，如果有個星星因為被撞而移動了一些，或是一個星星從星雲中誕生了，那麼是不是整個宇宙都要「天翻地覆」了呢？

牛頓窮其一生，還是沒能走出自己設下的「靜態宇宙」困境。他只能解釋道：宇宙是「上帝」創造的，所有的一切都是祂安排好的，不多不少，絕對靜態，絕對完美。牛頓的力學理論，需要上帝在背後力挺。

然而，現在的我們已經知道宇宙是膨脹的，「靜態宇宙」根本不存在，所以牛頓說的並不成立。

物理學家再偉大，終究有他的局限性。兩百多年後，愛因斯坦站了出來，給現在的我們留下了難題。

愛因斯坦的預言

說到愛因斯坦，大家對他的印象可能都是「高智商」，但他的智商究竟有多高呢？愛因斯坦的物理都是「想出來」的，而非「算出來」的，跟牛頓不同。事實上，數學可以說是愛因斯坦的罩門。不像牛頓不僅是物理學家也是數學家，愛因斯坦在念大學時，數學極差，是班裡倒數第一！

愛因斯坦的物理，最重要的就是「相對論」。圖 15–1 對比了一下牛頓和愛因斯坦的物理公式：牛頓的作用力公式顯示，作用力大小與雙方的質量、距離有關；而愛因斯坦的場方程明顯不同——還加入了時間和空間的結合，用的是複雜了許多的「張量」數學。（請參閱李傑信的《宇宙的顫抖》）

圖 15-1 牛頓力學和愛因斯坦相對論。

說到愛因斯坦的場方程，我們就來簡單地說明一下相對論。我們都知道，愛因斯坦有狹義相對論和廣義相對論。狹義相對論的基礎有兩個：第一，光速在不同的等速運動系統（即慣性參考系）中保持不變；第二，所有的物理定律在所有的慣性參考系中都相同。而廣義相對論則更為複雜，因為又加入了引力的概念。帶質量的物體具有引力，在周圍會產生引力場，而引力場會導致時空彎曲，讓光前進的路線也就隨之彎曲。即便是渺小的你我，也都是能夠產生「引力場」存在的。

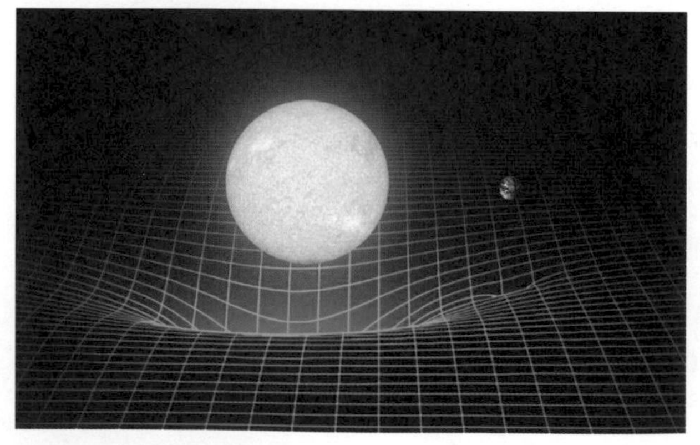

圖 15-2 愛因斯坦的彎曲時空。

除此之外，愛因斯坦在廣義相對論中提出了「等效原理」，這也是廣義相對論的基礎。從這個思維出發，可做出許多驚天動地、匪夷所思的結論。其中重要的一環，即在時空中的任何一個地方，都可以找到一個自由落體的參考系，讓物體的運動不包含引力。

愛因斯坦的預言，也在十年、幾十年，甚至百年後，被一一驗證。即便是現在，NASA 的科學家們，仍然在對愛因斯坦的等效原理進行檢測。可以說，這是愛因斯坦留給我們的難題吧！

還會有如此偉大的科學家嗎？

愛因斯坦的智商前無古人，他早期提出的物理理論完全是用「想和講」的，而不是用「算」的；連狹義相對論前期的數學理論，也是他的老師幫他發展出來的。

然而，我們並不認為愛因斯坦的理論就是宇宙的「終極理論」。畢竟，愛因斯坦的相對論和量子力學並不能結合到一起；並且在核子和黑洞中，愛因斯坦公式也不能使用。

不過，愛因斯坦的場方程聯立了 16 個方程式，即便是現在，我們都要用超級電腦來計算。如果現今還能誕生一位科學家，他所做出的預言能讓一百年後的科學家依然在想方設法地證實，那麼他的成就便可能可以趕上曾經的愛因斯坦。

不過依現在的情況來看，我們還沒有突破愛因斯坦給我們布下的「大山」。相信下一個偉大的科學家，一定會在風雲際會之時再出現；至於是何時出現，我們就不得而知了。

16.「瞬間移動」的科技有可能實現嗎？

科技的發展是為了什麼？一項強大的科學研究，應該是既能讓英雄拿著它拯救世界，又能讓普通人用它滿足日常生活需求。下面，我們就來說說神奇的量子糾纏，看看它是如何「上得廳堂，下得廚房」。

如今，無論在哪裡，大家的資訊都有可能「暴露」，總會有人通過各種各樣的方式來得到你的一些個人資訊。如果有一些「機密」性的內容你不想讓別人知道，應該怎麼做呢？科學家們通過量子力學，研究出了量子糾纏，從一定程度上解決了這個問題。

愛因斯坦「坐不住」了

宇宙中的所有物體都是旋轉的，大到星系、脈衝星、恆星、行星和黑洞等巨大天體，小至中子、質子、電子、夸克和光子等，都在旋轉。宇宙中物體和粒子旋轉是常態。

簡單粒子的旋轉，一般只有兩個方向，一個向上、一個向下。這就很有意思了：我們以光子為例，量子力學只給了光子兩個「座位」，一個朝上旋轉、一個朝下旋轉。如此一來，我們送出的光子都可以是「成雙成對」的。

這有什麼用呢？成對的光子在「量子測量」後，如果已知一個是向上轉，那麼另外一個就必然會是向下轉。也就是說，我們知道了一個光子的旋轉資訊，另外一個光子的資訊就必定是和第一個光子的旋轉方向相反。再更精簡地下結論：知其一則必知其二，這就是一般所謂的「量子糾纏」。

乍聽可能覺得感覺不出這有什麼厲害的，但是我們仔細想想：如果這兩個光子間的距離是從 0 開始逐漸分離，最終彼此相距 1 光年這麼遠呢？這時，我們觀測其中一個光子後，仍然可以瞬間獲取在遠處的另外一顆光子的資訊，這也就代表著，訊息的傳遞速度超越了光速。

說到這兒，愛因斯坦可就「坐不住」了。因為他曾經說過：任何訊息的傳遞速度不可能大於光速。這也就是量子力學令人不懂的地方——違反了相對論❶。

量子糾纏，讓保密更「完美」

大家應該對「墨子衛星」有些瞭解。墨子科學實驗衛星是由中國發射到太空中，用於和地球構建通訊訊息的衛星。不過，它可不是一般的通訊衛星！究竟它所進行的通訊和傳統通訊有什麼不同呢？

現代的通訊方式，比如電話、LINE 語音這些，都有可能會被人監聽，甚至我們連被人監聽了都不知道。所以對保密性要求非常

❶ 2022 年諾貝爾物理獎頒給了以實驗證明，愛因斯坦對量子疊加態的量子糾纏概念不正確，即愛因斯坦的相對論管不到量子糾纏的物理行為。

高的組織，可能就會採用加密的方式，降低被監聽的可能性；但即便如此，第三方仍然有破解金鑰的可能。那麼，究竟該如何確保訊息不會外洩呢？這時候，我們就需要量子力學啦！

量子力學在通訊技術中的出現，就是為了製造「一把特殊的金鑰」。它的特殊性並不在於別人不能竊聽，而是一旦被竊聽，就等於是被「量子測量」了，所以我就可以馬上知道，立即停止通訊，改換另一個金鑰繼續交流。這就是量子糾纏為通訊帶來的改變和特別的優勢。

那麼，這個過程是怎麼做到的呢？我們假設兩個距離很遠的光子在傳遞訊號，如果有其他人要監聽，就一定要「偷」聽其中一個光子的旋轉訊息。由於量子糾纏的兩個光子可以互通訊息，一旦一邊的光子旋轉訊息被偷聽了，那麼另一邊的光子當然也就知道啦！如此一來，竊聽者就露餡了。

中國的墨子號正是一臺量子通訊衛星。2018 年 1 月，中國和奧地利科學院合作，利用「墨子號」量子科學實驗衛星，在中國和奧地利之間，首次進行距離達上千公里的洲際量子金鑰分發，並利用共用金鑰，實現了加密資料傳輸和視頻通訊。這也說明了：「墨子號」已具備有實現洲際量子保密通訊的能力。

量子糾纏在生活中有啥用？

量子糾纏在生活中的用處，我們可以自由暢想，畢竟科技還沒有發達到那個程度。最簡單的運用，就是我們可以用它來說「悄悄話」！

圖 16-1 說「悄悄話」。

當然，量子糾纏的根本是量子力學，而量子力學的應用就有很多了。相較於古典力學動輒上千萬、億個原子經過熱力學平均後得到的熱脹冷縮現象，量子力學中的原子都是單打獨鬥，自我表現精準。我們可以嘗試用它精確可靠的行為來設計藥物，用量子力學的遊戲規則把藥物的分子看得一清二楚，如此一來，對藥效和治病肯定是有幫助的。

再有，我們甚至可以實現科幻電影裡的經典情節——瞬間移動。

比如我想逃離一個在瞬間即將爆發的火山口，把自己轉移到在地球另一半的一個安全地點。那麼，我究竟該用什麼辦法實現自救呢？這時，就該量子糾纏登場了。

要使用這種方式的前提是，我需要知道自己身體中所有組織的每一個原子的位置和旋轉方向，那麼通過量子糾纏，就可以利用擁有的所有訊息，再複製出一個我。如此一來，在需要逃命時，我就可以瞬間在地球另一邊創造出一個全新、相同的我。與此同時，再把位於火山口的我銷毀，保證存在於世的我只有一個，這樣就等於把我救出去啦！

17. 量子力學被拿來騙錢？

曾經，教育圈出現了一陣風波，是關於「量子速讀」的。所謂的教育機構，以「量子力學理論」來呼嚨家長，教導孩子閉眼讀書、閉眼記東西。這樣騙人的東西雖然看起來很荒謬，但家長望子成龍的心態，再加上他們對量子力學並不瞭解，很多人都上了當。下面，我們就從量子力學說起，談談它的「用處」。

在學界，有一句調侃的話是這麼說的：「遇事不決，量子力學」。意思就是，當你遇到什麼不能理解的事情，就用量子力學來解釋。這個說法雖然是開玩笑的，但也有一定的道理；因為量子力學，就是在我們「不太清楚的領域」才發揮作用。

例如，量子力學能處理的最短時間是 10^{-43} 秒，比這再短的時間，我們就沒法以量子力學來衡量了。但是當時間大於 10^{-43} 秒時，量子力學就可以開始「上班」了。

量子力學和相對論被稱為現代物理學兩大支柱。量子力學以「測不準原理」和「波粒二相性」為基礎；相對論則是以「等效原理」為基本大法。深究起來，兩者都很繁複。但總的來說，物理學界認為，它們都不是宇宙的「終極理論」，因為它們尚不能結合在一起。宇宙的終極理論，應該只有一個。

不過，量子力學讓我們發現了許多東西，比如我們一直苦苦追尋，卻尚沒有結果的暗能量。

量子力學的來源

量子力學是在二十世紀初才出現的理論，它不是由某一位科學家所提出，而是由眾多科學家一起提出的。量子力學類似廣義相對論，它是一種用於解釋物理現象的理論。目前，除去廣義相對論裡的引力部分以外，其他種類的力的相互作用現象，都可以用量子力學來解釋。

為什麼要提出量子力學理論呢？剛才我們說到，十九世紀末期的科學家們發現：很多微觀的粒子運動依現有的理論並沒辦法解釋，於是才合力搞出了量子力學！

到了現今，量子力學有著非常廣泛的應用範疇，包括物理、化學和其他近代技術。所以說，量子力學還真的是威力無窮。而量子力學其中一個巨大的貢獻，就是它可能可以幫助我們瞭解暗能量的源頭。

量子力學怎麼幫忙？

我們提到過，量子力學中有一個理論叫做「測不準原理」，即沒有絕對精確的數值。但是，在我們正常的認知中，卻存在著很多「絕對精確」的情況，比如「真空」。

在我們的認知中，真空代表著什麼都沒有，零能量、零結構。但是，測不準原理並不准許這樣絕對為零的狀態存在呀！所以科學家們就做了一個著名的實驗——卡西米爾實驗。實驗設計是這樣的：

在真空的情況下，放置兩個不帶電的金屬板，並將它們的距離推近到幾十奈米左右（100 個原子並排的寬度），此時兩板之間就會產生一股向內的推力。

這股力量非常神奇，每代物理學家都會用最先進的儀器來重複這個實驗；隨著兩板間的作用力被愈量愈精確，也就更堅實了卡西米爾效應的正確性。這股將兩板向內推的推力，就是由量子力學測不準原理造成的真空震盪（起伏）所產生的能量！

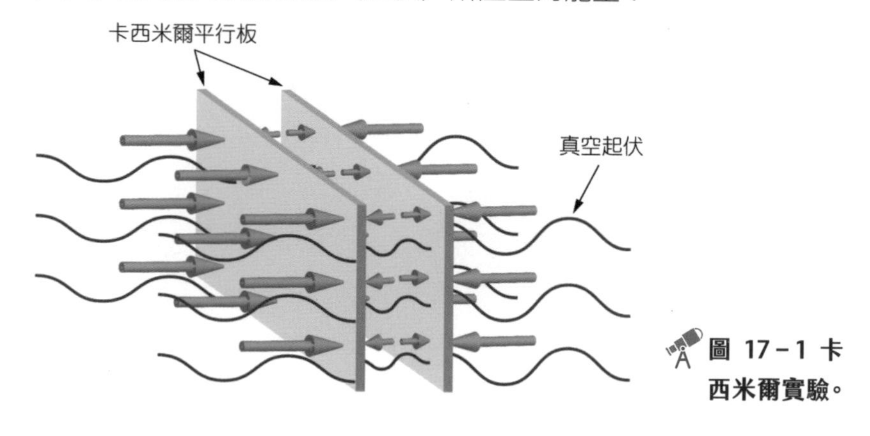

圖 17－1 卡西米爾實驗。

真空能量是我們的「免費午餐」

從科學研究的結果來看，真空能量是讓宇宙持續膨脹的原因之一。此外，在宇宙形成之初，還出現了一股「偽真空能量」，它在宇宙大霹靂後的 10^{-35}～10^{-32} 秒間，以光速的一億億億倍速度推動宇宙膨脹，形成了現在我們能觀測到的宇宙空間。

直到今天，真空能量還在不斷增加，非常神奇！這是因為在我們的認知下，能量可分為三種：第一種是電磁波能量、第二種是物質能量、第三種就是真空能量。電磁波能量和物質能量會隨著空間體積的增大而減小密度。這個很好理解，如果你在一個固定的空間裡裝了 1 公升的氧氣，當你把空間變成原來的 2 倍時，氧氣的密度也就會變成原來的 1/2。同理，當空間變大，電磁波能量密度和物質能量密度也會同等降低；但電磁波因為被更大的空間拉長了，頻率也會變低，所以能量密度減低的速度又會比物質能量密度更快。

至於真空能量因為是來自量子的震盪，每單位體積恆定不變，所以真空能量的密度與物質能量、電磁波能量的密度不同，是恆定不變的！也就是說，隨著宇宙的膨脹，真空能量也會跟著空間體積的增加而水漲船高，繼續向高攀升不止。約在四十億年前，真空能量就已經接手物質能量，成為推動宇宙膨脹的主力。

不過目前來看，我們的宇宙是平直的宇宙，且宇宙的膨脹速度雖然有加速的現象，但仍在平直膨脹範圍之內。

宇宙膨脹到無窮大之後，很有可能會有新的能量出現來抗衡真空能量，使宇宙膨脹速率減低，最終停止膨脹，甚至開始收縮，一直回歸到大霹靂的起始點。或許宇宙就是如此循環不息，但每個循環週期可能就是億億億億億……年的歲月。

看到這兒，大家可能有一個疑問：那麼暗能量呢？怎麼沒看見暗能量登場呀？其實，大家可以把真空能量理解成就是暗能量。因為到目前為止，真空能量便是最好解釋暗能量的理論。

一百三十多億年對於我們人類來說，是非常漫長的；而對於宇宙來說，它還只是個「嬰兒」，未來還可能有幾億億億億億年的壽命。宇宙當中，還有太多的祕密等待著我們去發現……。

18. 未來的「新型電腦」

精確的數字總能讓人感到震撼，例如宇宙「暴脹」的時間是 10^{-35}～10^{-32} 秒之間。對於常人來講，如此精確的數字，在生活中幾乎是見不到的。但是我們如果刨根問底下去，如此精確的計算究竟能精確到什麼地步呢？

不知道大家有沒有聽說過「摩爾定律」(Moore's law)？它是一個隨著時間推移，電腦儲存量會成倍增長的定律，目前還沒有被打破。這條定律的細則我們之後再說，這邊先來談談電腦的發展。

二十世紀 30、40 年代，電腦還是以占用空間極大的真空管為邏輯計算單元。到後來發明半導體，才出現了積體電路，如此一來，所占空間就小得多了。

我們考慮電腦的重點主要是儲存量，而摩爾定律告訴我們，按照電腦的發展，電腦的儲存量每約 18 個月，就會增加一倍。過去四十多年到現在，電腦的儲存量確實還在繼續增加，而且都符合摩爾定律。但我們其實同時也在想，摩爾定律會不會有一天碰到極限呢？最後我們得出的結果是「會」，而它的極限，就是測不準原理的極限、量子的極限。

電腦的「位元」在增長

傳統的電腦，是用傳統的物理來設計的，它所遵循的，是非量子的傳統物理規律。

電腦存在一個「記憶體」，而在記憶體當中包含許多的「位元」。「位元」表示著半導體的開關，它可以是開的、也可以是關的；我們默認它開的時候是 1，關的時候是 0。曾經，我們發展電腦數學，就是基於位元的 0 與 1。電腦的位元數愈大，計算能力也就愈強。中國的「神威太湖之光」超級電腦，現在的計算能力居於世界第四，1 分鐘的計算量相當於 72 億個人計算 32 年。

計算能力是一種科技實力的體現，它能夠做為文明發展程度的判斷指標。目前，我們用超級電腦能夠算到圓周率小數點後的 31.4 萬億位。假如我們發現了外太空文明，不需要瞭解太多，只要請他們告訴我們，他們圓周率能計算到小數點後幾位，就能估計出這個外太空文明和人類文明相差多少了。

不過，無論如何，即便是 31.4 萬億位，它也只是構建在傳統物理的基礎上。

「傳統規矩」與「量子規矩」

我們回想一下之前學過的波以耳定律——$PV = nRT$，如果將分子放在一個密封的氣球中到處跑，從統計力學運算的結果來推斷，分子可以把氣球撐起來，並且給出一個壓力。但是量子力學就不一樣了。在量子力學的情況下，所有的氣體都可以縮成體積極小的量子凝態；因此我們知道，量子的規矩和傳統的規矩不一樣。

我們回到之前所說，傳統電腦遵循傳統物理的規律，所以它碰到的極限，也就是傳統科學的極限。而傳統科學的極限，就是把一個東西無限縮小，小到測不準原理出現，就無法再變小了。如果再變小，則位置、速度、時間和能量等參數就都無法精確測量了。

傳統到量子的分界線

我們知道，到中子大小，即 10^{-15} 公尺，量子力學就該登場了；而目前，我們在顯微鏡下看到一個原子（10^{-10} 公尺）就已經很辛苦了。所以，傳統物理的極限應當是在原子大小（10^{-10} 公尺）與中子大小（10^{-15} 公尺）之間；到這裡，就碰到了量子力學測不準原理的鐵板，不能再小了。

現在有一種東西叫做「石墨烯」(石墨是碳的結晶，把石墨剝開單一一層，就叫做石墨烯)，它就是單層碳原子的晶體結構。目前我認為，石墨烯可能是傳統科學的極限。因為它特殊的原子組織，如果我們可以把每一個原子當成一個「記憶的單位」，那麼石墨烯便有可能是傳統電腦的極限。

若以此看法為基礎，儘管電腦的儲存量還可以再增加，但是應該也快到盡頭了。大概在不久的將來，就可能碰到傳統電腦的極限。

所以現在，量子電腦已經被安排到「科學計畫」的日程上了。目前，已經有專家開始用量子做為基礎來進行研究了，即以 10^{-35} 公尺做為基礎單位，這與傳統電腦的 10^{-10} 公尺中間差了 25 個 0；也就是說，量子電腦的儲存量可能比現在的電腦多出 10 億億億倍。如果儲存單位以面積來估計 ，則這個比值可大到 100 億億億億億億倍。此外，本文沒有觸及量子的開關問題，事實上，量子的開關比傳統 0 和 1 的邏輯複雜得多，在此略。

如果摩爾定律永遠生效，那麼量子電腦還夠我們「玩」上一百年。到時候，再看看人類還會如何突破量子的極限吧！

19. 薛丁格的貓

大家應該都聽說過一個思維實驗，叫做「薛丁格的貓」。我們在現實中，常常用它來比喻某件事情無法預料到結果，只有等到實際情況出現以後，才能得到最終的答案。

「薛丁格的貓」這一思維實驗，實際上和量子力學的非局限性息息相關。薛丁格就是發明量子力學方程式的諾貝爾獎得主。

量子的非局限性，其實主要就是波粒二相性，但後來又加進了如量子疊加態的量子糾纏等怪異現象。今天，我們深究一下，且談談波粒二相性。

薛丁格——量子力學

量子力學剛剛開始起步時，是薛丁格在 30 年代找出了量子力學方程式，而他也因為這件事拿到了 1933 年的諾貝爾獎。雖然他導引出來的公式用實驗去測量，結果完全符合，但是當時的他並不知道導引出來的是什麼東西！

依照當時傳統科學的計算思維，如果對一個粒子進行位置計算，它一定是固定的。比如這粒子現在在臺灣，那麼就只是在臺灣，不能同時出現在美國或別的地方，這符合經典力學定律。

但是量子力學就不一樣了，它的粒子可能以波的形式出現，擴散範圍可覆蓋至整個宇宙。也就是說，這個粒子可能有 5% 的機會在臺北，8% 的機會在高雄，19% 的機會在美國……。薛丁格也以此為基礎，提出了一個非常著名的思維實驗——「薛丁格的貓」。

圖 19-1 薛丁格的貓。

實驗是這樣的：將一隻貓放到設置有機關和密封毒藥瓶的密閉盒子中，一旦盒中的機關被無法控制的隨機因素觸發，便會打破密封的毒藥瓶，則貓就會被毒死。也就是說，這個盒子變成了一個「黑盒」，在我們打開來觀測前，貓有兩種狀態——或死、或活。而這兩種狀態會同時出現在薛丁格的方程中。

其實更廣泛地說，根據量子的非局部性，當這隻貓從我們的視界中消失後，也不一定非得是在盒子裡不成；這隻貓存在於宇宙別處的可能機率並不等於絕對的 0，表示這隻貓可能存在於地球、可能在月球、可能在銀河系的一角，也可能在宇宙的邊緣，這些對於我們來說都是未知的。不過現在就先假設，這隻貓是確實被我們關在眼前的盒子裡，那麼也要直到最終把盒子打開，我們才會知道牠或死、或活的狀態。

量子非局部性的理論

我們現在再用人來舉例。一個人在聖母峰附近，山的北面是西藏，南面是尼泊爾。按照古典力學來說，這個人要嘛是在山的北面，要嘛是在山的南面，這符合我們一般所理解的。而從量子力學的角度出發，這個人就有可能在北面，也有可能在南面。為了保證這個理論正確，就會推論出一個神奇的現象：這個人必須擁有穿越山脈的能力。

量子的非局部性也被用在一種科技設備上，叫做掃描穿隧式顯微鏡；該設備目前被科學家應用於定位原子。使用掃描穿隧式顯微鏡時，穿隧的電子一定要撞上原子，我們才能看到原子的形象。而我們實際測量所得到的穿隧電子撞擊到原子的概率，和理論得出的結論完全符合，這是用古典力學無法計算的。

目前，量子的非局部性已經是很確定的理論了；因為我們無論如何做實驗，再再都驗證了理論是正確的。

量子非局部性的應用

其實，大家常說的「量子糾纏」，實際上也就是量子非局部性的應用。當兩個關係密切的孿生粒子，其中一粒被送到距離很遠的地方，如果我們本來已知其中一個粒子是順時鐘方向旋轉，那麼另一個粒子則一定是以逆時鐘方向旋轉。換言之，如果我們測量出其中一個粒子的旋轉方向，那麼另一個粒子旋轉方向的訊息也就瞬間同時現形了。這就表示，它們二者之間的訊息互通速度，比光速還快出甚多；這就是「量子糾纏」的核心概念。通過實驗，人們發現「量子糾纏」的訊息的確是以超光速來溝通，但還不瞭解為什麼會這樣，這就是量子力學神祕之處。

在生物科學上，有許多候鳥到了冬天就會往南飛；無論是成熟或是剛出生的候鳥，牠們都具備有這樣的能力。目前科學家們正在研究這項課題——候鳥是如何「導航」的？推測這可能和候鳥體內電子穿隧現象的量子力學也有關係。

宇宙大霹靂的相關內容，包括暗物質、暗能量，這些用量子力學的理論也可以解釋得通。但具體是不是，我們並不知道……。

有人說，量子力學到最後，一定不是宇宙唯一終極的理論，因為它不包括引力。而在它涵蓋的範圍內，我們也只能用計算和實驗來驗證它。愛因斯坦說，上帝不是賭徒，是不「擲骰子」的。但按量子力學的理論來說，宇宙每一瞬間的存在，都相當於上帝扔了一次骰子的結果。

不過，也有人聚焦在研究量子電腦。因為目前傳統電腦的開關只有 0 或 1，要嘛開啟、要嘛關閉；而量子力學電腦的邏輯，就比或 0 或 1 複雜多了。對於人類目前的認知來說，這是極大的突破。屆時，量子電腦利用量子的非局部性和不確定性，將能夠帶領我們瞭解量子力學更深刻的意義。或許，會幫我們打開一個新的宇宙。

20. 宇宙超高能射線的能量有多大？

下一篇我們將會談到超弦理論，它需要極大的能量來驗證。即便我們創造出大型強子對撞機，也與驗證超弦理論所需要的能量相差甚遠。不過，宇宙中存在著比我們地球上的能量要高出許多的超高能射線，它是否可以用來驗證超弦理論呢？下面，我們就來探尋一下超高能量宇宙射線的祕密。

我們先來講一下電子伏特。伏特我們知道，電池是 1.5 V，也就是 1.5 伏特；美國和臺灣的日常用電電壓是 110 伏特、中國是 220 伏特的交流電。

伏特就像我們站在臺階上，從上面一階一階跳下來，在此過程中，就會將勢能轉化成動能。如果一個電子發生了這樣的移動，就會將伏特的勢能轉換為伏特的動能，計量這些能量轉換的單位就是「電子伏特」——一個電子在電場中釋放的能量單位。引力場中的勢能是牽動物質的能量，而伏特就是在電力場中牽動電子的能量。

人類製造出來的大型強粒子對撞機可以擁有近十萬億 (10^{13}) 電子伏特的能量。為了造出擁有如此大量能量的機器，足足用了五十多年的時間，共花費 100 多億美元，可謂是使出渾身解數，拚了！

不過，即使是耗盡人類心血結晶製造出來的大型強粒子對撞機，其能量仍然不足以用來驗證超弦理論。不過也別灰心，或許我們可以將眼光放到宇宙中的高能射線，它所含的能量可大多了。至於宇宙中的高能射線，能量可以有多大呢？

宇宙高能射線的發現

1909 年，人類才剛知道有原子、離子等超小粒子的存在。有一位法國人發明了一個小儀器，目的就是去偵測這類可能在空氣中到處亂飛的微小粒子。他發現，這個儀器的靈敏度是可以收聽到訊號的，至於這些訊號是哪一類小粒子所產生的，他暫且沒有概念。但不管如何，只要他的儀器吱吱響，就肯定有情況發生。他發明了這個儀器後，就跑到了艾菲爾鐵塔上面進行觀測，結果發現所測量到的數值變得很大，於是他就寫了一篇論文：在地面上測量與在艾菲爾鐵塔上測量的離子量差很多。

但當時的人們不懂這個，也沒有人理他。一直到 1936 年，科學家把 1909 年發明出來的這個儀器放進一個氣球裡，不知道飛到多高的地方，可能是幾公里，發現了在天空中，儀器測得的訊號更強，也就是說，它收獲了比之前更多的粒子。於是科學家幾乎確定，空中存在著很多的高能量粒子。

最終，近代科學家們測量出，該儀器在高空中所收集到的粒子能量，高達了 1 萬億億 (10^{20}) 電子伏特。目前，我們人造的最強能量也僅有 10 萬億 (10^{13}) 電子伏特（大型強粒子對撞機製造出來的希格斯玻色子）。也就是說，現在所測量出的太空粒子，比地球上人類能製造出來最強的粒子還要強上 1,000 萬倍。

高能宇宙射線來自何方？

這個調研結果是非常驚人的。但是，宇宙怎麼會有這麼強的射線呢？於是科學家們開始做實驗，嘗試深入瞭解宇宙射線。

首先人們思考，宇宙射線是不是電磁波？但得出的答案：不是。之後科學家們發現，宇宙射線中含有「正子」與「反質子」，這兩種粒子是宇宙射線最重要的成分；並且根據我們目前的研究，宇宙射線中的正子可能有 3,000 億電子伏特的能量，比宇宙射線中電子所擁有的 100 億電子伏特，還要高出 30 倍。至於宇宙射線中的反質子則有 20 億電子伏特的能量，比其中所含的質子能量高出 6 倍。丁肇中先生也做了這類實驗，其中最有名的，就是 AMS（阿爾法磁譜儀）實驗。目前這個儀器還在太空站收集資料，而前期的論文報告很可能能夠把正子和暗物質連繫上。

並且，正子、反質子都有一個特點，就是無方向性；這說明了這類射線不是從太陽來的，也不是從任何一個天體過來的。所以我們可以初步判斷，宇宙射線可能和宇宙起源有關，因為宇宙從 0 時開始大霹靂時，就沒有任何的方向性。由此也可以推論，這種極高能量的宇宙射線，可能和宇宙大霹靂和暴脹有關。

目前，宇宙高能射線的來源有這麼幾種說法。

第一種是來自銀河系裡的超新星。超新星是經過重力坍塌、量子的反彈形成的，需要很大的能量；經過這樣的動作，超高能的宇宙射線也可能出現。而且，宇宙高能射線一定和光子有密切的反應，是通過光子的推進，來達到這麼高的速度。不過，超高能的宇宙射

線一般會伴隨 γ 射線，如果只發現超新星的軌跡，但沒有看到 γ 射線暴，就差了些意思！

第二種說法，就是超高能的宇宙射線是來自銀河系外的神奇物質，不過我們並不清楚具體來源。

宇宙射線對我們有什麼影響？

首先，我們先來談談宇宙射線對於人類的影響。大家可能知道很多計量單位，比如公尺、秒、分等等，但是輻射的計量單位可能就比較少聽到了，這種計量單位叫做西弗 (sievert)。

人的一生最多能夠承受 1 西弗的輻射劑量；由於西弗的單位算是非常大了，所以我們一般都會用微西弗或毫西弗為單位。事實上，我們每天生活中的正常活動，還有體檢時所照的 X 光，都會有少量的輻射累積在身體中。此外，地球本身也會釋放很多輻射，而宇宙射線也會造成人體內的總西弗輻射值增長。

另外，如果前往火星旅行，也會對一生能夠承受的西弗總劑量造成大量的消耗；在去火星的過程中，因高能量宇宙射線的肆虐，人體會承受 250 毫西弗的輻射，來回一趟總共就是 500 毫西弗，已經消耗一生所能承受劑量的一半了。所以，一個人一生只能往返一次地球與火星！

除此之外，宇宙射線也會對地球的環境造成影響。例如改變地球大氣的成分，這就和溫室效應有所關聯了，使環境帶有些微的輻射，每年大概是 0.39～3 毫西弗。

再有，宇宙射線也會干擾我們的電子設備。我們電腦的開關是0或1，如果該設備位在太空中，當高能宇宙射線打過來時，本來開著的儀器就有可能被關閉；更嚴重一些，甚至會直接搞壞電子儀器！

我們想要捕捉、研究超高能的宇宙射線尚且很難，應用起來就更加困難了。至於宇宙射線能否拿來驗證超弦理論的某些預測，我們只能說，它的能量的確比大型強粒子對撞機高出很多，但若想要用來驗證超弦理論，可能還是給不上足夠的力。

21. 宇宙是唯一的嗎？

你覺得，宇宙是唯一的嗎？又提到這個想起來就令人頭疼的問題了。每每思考「宇宙之外」、「時間流逝」，總是覺得這是思維所不能及的問題，然後停止思考。那麼，究竟科學家們是怎麼看待「宇宙是否唯一」的這一問題呢？

這個問題，是科學界仍在探索的問題之一，和複雜的「超弦理論」有關。我想，我們可以在宏觀層面上和大家說一說，讓大家對超弦理論有一個基本的認知。當然，也有的物理學家就直接了當地說，宇宙大霹靂時有太多的能量，僅創造出我們單一的宇宙，這股能量是絕對用不完的。於是，在我們的宇宙外，應該還要有幾乎數不完的宇宙；大霹靂和暴脹之聲此起彼落，不絕於耳。所以，宇宙太多了，我們的宇宙絕對不是唯一的。

持這種觀點，沒有人能說得過你，可以算你贏了這場辯論。但是即便你贏了，從理論上看來，還是有許多令人不滿意又充滿懸念的地方解釋得不清楚。所以呢，今天我們厲害一點，從人類發明出來、另外一個比較嚴謹的理論思維，來討論一下「我們的宇宙是否是唯一存在的宇宙」這個大問題。

我們一再強調，人類目前科學的兩大理論——量子力學和相對論，都不是宇宙的終極理論；因為它們在宇宙大尺度轉接到核子小尺度的過渡中，無法嚴絲合縫地達到無間隙連接的境界。但自然界並不需要理會人類不完美版的理論，它一定是僅由一種理論來控制的。目前，人類在宏大和高速的部分以相對論來解釋，細微的地方則用量子力學來解釋；兩者各行其道，生死不相往來，這就是現狀。

愛因斯坦從 1930 年左右開始研究，嘗試著想把兩種理論合併到一起，但直至他過世，都沒有成功。量子力學和相對論，現在仍然各樹其幟，了無瓜葛。

目前，我們瞭解的力有四種：引力、電磁力、原子核裡的弱力、夸克之間的強力。除了引力外，其餘三種力都已經合併起來，並且有多位物理學家因此獲得了諾貝爾獎；唯獨引力，不好處理。早在 1960 年，科學家就提出：一定要有新的理論。

科學家的「另闢蹊徑」

科學家們指出，新的理論不能再用粒子的概念了。因為質子、電子、光子這些都是粒子的概念，這樣的思維已經提出好一陣子了，但卻不能解決把四種力合起來的問題。

聰明的科學家就想，如果把宇宙最基礎的普朗克長度（10^{-35} 公尺）視為一條會震動的「弦」，並用它做為構建宇宙萬物的最基本單位——即我們說的「弦理論」——就可以把引力放進來了，因為弦的震動可以很好地解釋引力。

於是，弦理論就開始蓬勃發展。但沒過多久，弦理論也碰到了「鐵板」，即弦是如何形成質子、中子、夸克的？這些物質又是如何凝聚、如何變動，才能形成現今含有很多黑洞的宇宙？弦理論並不能解決這些問題，這就很尷尬了。因為目前的量子力學、相對論，至少可以解釋宇宙的形成。

弦不夠，那就超弦

弦不夠，科學家們就提出了「超弦理論」。這裡面的「超」，意思為「超對稱」，因為我們身處的世界本應是對稱的，而此理論就是希望能夠回答在我們理論世界中，目前無法解釋的問題。鼻子和肚臍眼在身體中央線上、耳朵和眼睛左右各一、左右手鏡像對應、物質中晶體有規律的結構、角動量的守恆等等，都是因自然界對稱而產生的物理現象。至於超對稱更厲害了，要求費米子 (fermions) 和玻色子 (bosons) 需要一對一、成雙成對出現，成為宇宙中更深層的對稱現象，企圖回答出目前人類無法解決的物理問題，並且尋找人類尚不知道的物理世界。

我們的世界有很多普遍對稱的規則擺在那兒。但規矩的存在，就是為違反規則準備的，就像交通法規是放在那兒，當人違規時才會用上的一樣。如果我們的宇宙是完美的宇宙，那就是超對稱的宇宙。不過，事實上宇宙自大霹靂那天，就已經不完美了。

宇宙大霹靂之初，出現了許多物質與反物質，它們本應是一樣多的；但反物質幾乎全部消失，僅剩餘了一部分物質，約是原來總量的十億分之一，這就是我們現在的物質世界。假如這個對稱沒有被破壞掉，那麼現在的宇宙就全部都是能量了，也就沒有我們現在的物質世界。

雖然從宇宙大霹靂的 0 時起，這個完美對稱就被破壞了約十億分之一，但宇宙的本質仍是想擁有超對稱完美的特性，所以我們現在就忽略宇宙那麼一丁點的缺陷，仍然用超對稱震動的弦，將宇宙描述出來。

愛因斯坦的相對論描述了四度空間，即三度空間加時間。但是在四度空間，我們沒辦法建造出這麼一個「弦」，以滿足物理在自洽條件下，形容現在的宇宙。經過科學家的研究，如果用超弦製造現在的宇宙，需要九個空間加上一個時間，共十度空間才能夠滿足物理從頭到尾自洽條件。

 十度空間，其中六個我們看不見

在這裡，我們就必須要提到一位為超弦理論做出巨大貢獻的華裔數學家——丘成桐。他在 1978 年提出：用目前的四度空間，再加上六個高度壓縮的空間，即變成了十度空間，便可以使用在超弦理論上，解決所有的物理問題。這個理論所創造出來的六度空間，就被稱為「卡拉比一丘流形」。

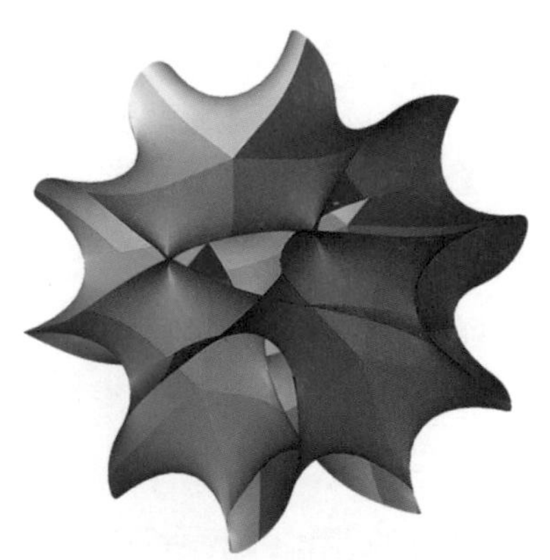

圖 21-1 卡拉比一丘流形。(Credit: Andrew J. Hanson, Indiana University)

卡拉比－丘流形，形容的是除去我們四度空間以外的另外六個空間。由於宇宙的能量非常大，卡拉比－丘流形的長度單位是用普朗克長度為基礎單位。

我們可以想像一下，這個高度壓縮的卡拉比－丘流形，可以有很複雜的幾何結構，比如說，它可以擁有很多的洞。至於它能擁有多少洞，超弦物理學家看法不一，10 個不算少，1,000 個不算多。為了在這篇小文章討論方便著想，我們就算它有 500 個洞吧。現在把能由震動產生大小不等的能量的超弦引進來，假設它震動能量有 10 個量子層次，則這個超弦在每個流形的洞中，就能以 10 種不同的能量出現。如果總共有 500 個洞，則這個流形的總能量就有 $10\times10\times10\times\cdots$，即 10 乘以 500 次的變化。換言之，這個有 500 個洞的流形，總共可能有 10^{500} 種不同能量的內涵，也就等於有這麼多不同流形幾何結構的變化。

這些不同的幾何結構，即便各有不同的超弦震動能量內涵，但結構本身沒有道理不是穩定的。就像一座形狀複雜的山體，雖然因局部坑洞使得地勢變化的高度不同，造成各處局部勢能相異。但因為有局部坑洞的結構，滾石也有可能在半山腰就因為局部勢能穩定而被攔住，不再往下滾。所以，一個巨大的山體，可以有很多穩定的勢能位置；我們也可以說，它有很多不同勢能的幾何結構。

回到有 500 個洞的卡拉比－丘流形，也就是說，它可以有 10^{500} 的穩定結構。並且，我們可以將構建超弦理論所需要的所有東西放進去，包括引力場、電磁力、強核力、弱核力等等。其實，在滿足把量子理論和相對論嚴絲合縫、自洽無礙地結合在一起後，它竟然拉扯出了一個附帶的產品，即這個流形可以有龐大數目的不同幾何結構。也就是說，超弦理論也創造出了各種不同能量的宇宙。所以，以超弦理論角度看來，在我們的宇宙之外，應該還有很多宇宙，如 10^{500} 那麼多，數目可能幾近無窮。所以，平行宇宙和多重宇宙的概念，就應運而生。

那麼，我們把所有理論放到超弦理論中，不是就可以了？並沒這麼簡單。因為要檢驗超弦理論所需要的能量太高了，已經高到可能永遠無法以人類科技文明所能產生的能量來驗證它的正確性。

科學家在地球上建立的「大型強粒子對撞機」，能夠創造短暫的巨大能量，但離檢驗超弦理論所需的能量，至少低了上億億倍。

超弦理論可能永遠超出人類能力能夠去驗證的範圍，所以我們仍需要繼續尋找在我們認知的範圍內，能夠解釋宇宙大霹靂及目前所有現象的單一理論。但依目前的理解，擁有不同結構和能量的宇宙數目應該有很多。所以說，我們生存其間的宇宙，也不是唯一的。

22. 暗物質的資訊已經得到了？

新聞媒體總是熱衷於炒作。2019 年，有新聞稱「『航海家 1 號』無人外太空探測器傳回了有關暗物質的訊息」，這又是怎麼一回事？

航海家 1 號、航海家 2 號是美國在 1977 年發射的探測器。其實，人類在 1957 年 10 月就已經進入了太空；而後，直到 1972 年，阿波羅完成 6 次登月任務後，就又迫不及待地在 1972 年馬上將先鋒 10 號、先鋒 11 號送入了太空。

先鋒 10 號、11 號與航海家 1 號、2 號，其實它們的任務都差不多，即是要搜集太陽系內各種星球的照片。它們飛越了每一個星球，但是不登陸，僅是遠遠地觀察。畢竟，探測器所拍攝的照片，清晰度和我們在地球上所觀測到的，肯定有很大的差別。那麼航海家 1 號都做了些什麼呢？

 時刻不忘尋找外星人

在航海家 1 號上，我們放了「人類的訊息」唱片在裡面。這個「唱片」裡面有人類的聲音、海浪的聲音、風吹的聲音等等；當然，裡頭還有一些地球上的照片；並且，我們還用 14 個脈衝星標註了地球的位置。

圖 22–1 航海家 1 號。(Credit: NASA/JPL/Voyager)

這麼做的原因很簡單，我們想要盡可能向外太空發送訊號，尋找外星人的下落。畢竟，我們已經是宇宙中有了「文明」的星球，能夠早一刻發現外星人，就比晚一刻強！

不過大家也都清楚，到目前為止，我們還沒有收到任何外太空文明的回應。總的講起來，這應該算是好事！這是因為剛掌握太空科技文明的人類太興奮了，竟然把我們居住的、如天堂般的地球位置，輕易地廣播出去，實在有點危險。四十多年後，較成熟的人類回想起當初，還是為年輕時的衝動捏把冷汗呢。

說回航海家 1 號，由於它是用鈽-238 做為能源，這種核能的半衰期是 87 年，所以航海家 1 號可以一直有能源供給。到了現在，航海家 1 號已經飛出去 45 年了，科學家們預計到 2025 年，航海家 1 號還可以持續不斷地傳回資訊；不過之後，它可能就要變成「流浪探測器」了！

 它到底能不能量出暗物質呢？

航海家 1 號如果真的量出來暗物質的訊息，那麼它可能是看到了在太陽系遙遠地段，有「電子跟正子」的存在。大家要注意，這裡的正子可不是質子，而是「帶正電」的電子，即我們之前所說的反電子。

測量電子與正子其實不容易，而丁肇中先生所進行的實驗做得最好，即 AMS 阿爾法磁譜儀計畫。因為有些粒子無法穿透大氣，為了讓 AMS 能夠尋找宇宙中所有的高能粒子，所以才把實驗環境搬到了太空。

我們將阿爾法磁譜儀送入太空，當電子與正子經過後，就會在磁場中以相反彎曲的軌跡運行，如此一來，就能判斷出它的質量、電荷數和種類。

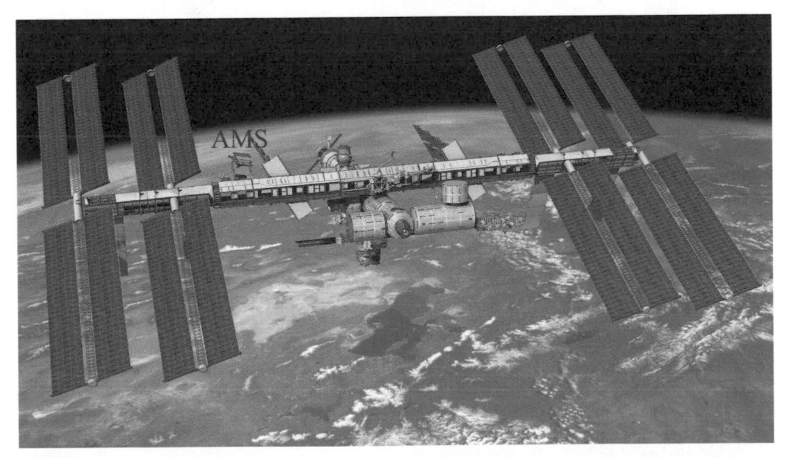

圖 22-2 國際太空站上 AMS 阿爾法磁譜儀。(Credit: NASA/JSC)

但是，航海家 1 號不是磁譜儀，它的解析度並沒有那麼強，雖然它也可能量到了些所謂的正和負的電子流。不過精確到什麼程度，就是見人見智了。

宇宙中的正子流其實很多，來源於很多能量很高的宇宙射線。或許，航海家 1 號真的測量到正子流，但是媒體以此就說「探測到暗物質」、「太陽系中的暗物質很少」，就未免太誇大其詞了。畢竟，丁肇中先生的 AMS 實驗測量出了大量的電子與正子 ，但要說這些電子和正子與暗物質有關，還需要強大的理論做後盾。

牽扯到霍金的理論？

報導中還稱，這能在一定程度上驗證霍金的「原始黑洞」理論。我只能說，這就更無厘頭了！

圖 22-3 霍金。(Credit: goZeroG/SpaceFlorida/NASA/KSC)

我們目前所瞭解的宇宙，是宇宙大霹靂後 10^{-43} 秒以後的事情。雖然我們不清楚在 10^{-43}～10^{-32} 秒之間發生了什麼事，但是在這個階段量子力學已經「上班」了。

宇宙大霹靂之後，一定存在很大的能量，由於 $E = mc^2$，所以出現了各類粒子。在 10^{-43} 秒以前，存在著這麼一種可能——在那個瞬間，出現了無數的物質、反物質，甚至是黑洞、反黑洞。這些物質、反物質和黑洞、反黑洞所擁有的質量，可能永遠超過人類在加速器中製造它們的科技能力。這便是霍金的理論之一，我們其實看得很清楚，小於 10^{-43} 秒之前的時間是由量子力學的測不準原理來掌控，是我們知道我們不知道的知識領域。

說到這裡，我就再簡單提一下霍金的另外一個「黑洞蒸發理論」。在黑洞的「事件視界」可能產生成對的虛擬粒子，有時候，會有一些虛擬粒子從黑洞的事件視界逃逸出去；如此一來，黑洞的能量就會不斷減少，最後慢慢地蒸發消失。不過，這個過程可能非常漫長。比如像太陽質量大小的黑洞，可能要經過 1 億億億億億億億年才蒸發得完，比現在宇宙 138 億歲的年齡不知要長多少。

霍金的理論想要以觀測資料來證實實在太難了。我們要嘛追到 10^{-43} 秒以前，證明在那個瞬間，有無數的黑洞產生然後立即消失，但這需要極大的能量；要嘛等到 1 億億億億億億億億年之後，觀測大型黑洞蒸發消失的結局，但到那個時候，人類在哪、宇宙是個什麼樣，我們都說不好！

關於航海家 1 號的資料，媒體有些「興奮到了亂扯」的地步了。其實，這艘 1977 年送出去的太空船能拍攝很多照片回來、探測其他星球的大氣結構，就已經很了不起了。航海家號太空船是人類科技文明中的偉大奇葩。它經過 45 年的飛行，已經飛出去了 156 個天文單位；即使用光去追，還要花 22 個小時呢！（太陽到地球的距離為一個天文單位，即 1.5 億公里，光要走 500 秒。）

23. 因為博士班導師而無緣諾貝爾獎的科學家

世上為科學奉獻生命的人不少；有些人最終加冕諾貝爾物理獎，但有些人終其一生，也只能是無冕之王。

諾貝爾獎在大眾心裡的分量是很重的。大家往往會知道那些諾貝爾獎的得主，但不會記住那些為科學奉獻，卻沒有獲得諾貝爾獎榮譽的人。下面我要說的，就是「宇宙大霹靂之父」阿爾弗 (Ralph Asher Alpher) 的事。

阿爾弗的人生起點非常高，他在博士生期間進行的論文專題，就已經為宇宙大霹靂的研究做出了巨大的貢獻。然而，卻因為他的博士班導師的一個 「小幽默」，讓他帶著沒有獲得過諾貝爾獎的缺憾，離開了這個世界。

宇宙大霹靂的基礎

1929 年，哈伯發現了宇宙是膨脹的，於是宇宙在人類文明中一聲霹靂，有了生日。1944 年，阿爾弗開始研究宇宙的起源。當時的阿爾弗是從化學元素週期表著手，因為在當代最合理的認知裡頭，宇宙的起源和化學元素的起源算是同一碼子的事。

他就想：從愛因斯坦的 $E = mc^2$ 開始，很多中子很快就由能量轉變過來。像中子這樣的基本粒子形成後，可以衰變成質子；而質子和中子在高速下相撞會形成氘；氘加上一個中子便合成了氚，或者抓一個質子合成氦-3 核子；氦再抓一個質子、一個中子，合成鋰；然後是鈹⋯⋯。

元素週期表

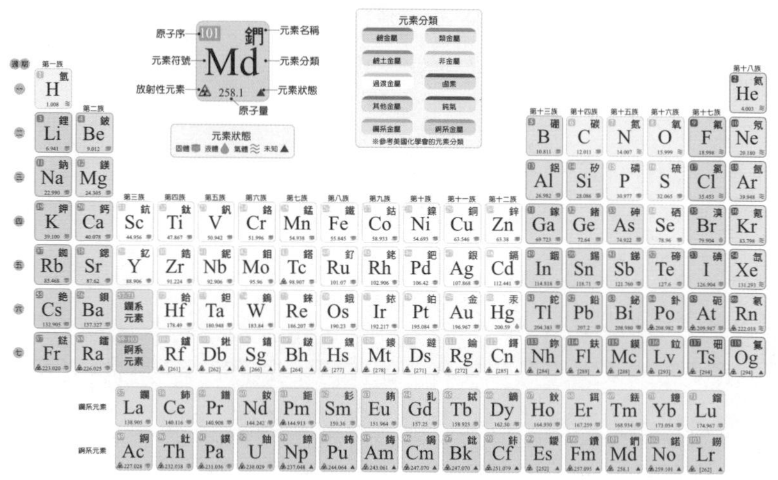

圖 23–1 化學元素週期表。

具體的核子合成步驟我們就不多說了。二十世紀 40 年代，人類透過分析星塵的光譜，發現了宇宙中的氫氦比是 3 : 1，但是這和阿爾弗最開始的判斷相悖。主要原因是，氘形成後，會迫不及待地和另一個氘結合，瞬間變成氦，所以之後的宇宙根本不可能有氫的存在。於是，他順藤摸瓜，推斷一定是在宇宙生日的當天，「有人出來干涉」氘和氘的自然合成！從這個思路出發，他寫出了 1948 年的博士論文！

他認為，宇宙中每一個核子的形成，需要有 10 億個光子來「攪局」；光子是氫彈爆炸最好用的開關。今天我們看到的宇宙全部家當，其中的 10^{80} 個核子和 10^{89} 個光子，是從宇宙霹靂之初就確定下來的。由於宇宙在大霹靂後很快就形成了氫氦的比例為 3:1，由此也就確定了質子和中子的比例——7:1。

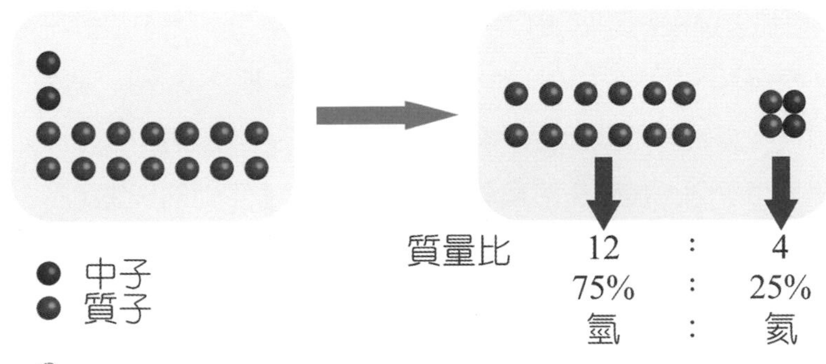

圖 23-2 宇宙大霹靂 3 分 46 秒後，質子和中子的比例為 7：1。

不過，後來的我們瞭解到，阿爾弗的論文是有瑕疵的，因為宇宙最初的核子合成僅是由於超快速的碰撞，與中子衰變成質子沒有關係。為何我們可以確定與中子衰變無關呢？因為中子到質子的衰變半衰期需要約 10 分鐘，而整個創造宇宙所有家當的時間也就只有 17 分鐘，所以這個 10 分鐘的時間太長了。

但是在當時來講，阿爾弗的論文為宇宙光子（即宇宙電磁微波背景）的發現埋下伏筆，尤其是他所估計的宇宙電磁微波背景強度，和日後在 1965 年由大耳朵測量到的數值在同一級數內，令人震撼！

一生與諾貝爾獎絕緣

大家可能會覺得奇怪，做出如此貢獻的科學家，為什麼沒有獲諾貝爾獎呢？這還要說到阿爾弗的博士班導師——加莫夫。

一般博士生在發表論文的時候，導師都會署名。當時，加莫夫也已經赫赫有名了。加莫夫想：阿爾弗的首字母是 A，也就是 α，他的首字母是 G，即 γ，乾脆就把當時的物理大師貝特（Bethe，即 β）也加了進來，剛好湊成希臘文的前三個字母 $\alpha\beta\gamma$，很好玩。於是，這篇論文就叫做 $\alpha\beta\gamma$ 論文，而後續大家稱之為 $\alpha\beta\gamma$ 理論！當時阿爾弗還是一個博士生，導師說的話他也沒什麼理由拒絕。然而，他萬萬想不到，加莫夫這個草率的決定，影響了他的一生。

「化學元素起源」論文刊出以後，就連貝特都感到很驚訝，怎麼自己就成了作者了？然而他也沒有抗議。阿爾弗辛勤的研究結果，就這麼變成了 3 位聯名的論文。對於大眾來說，β 和 γ 兩位已經是名震天下的人物，而他只是個博士生，外界理所當然地認為，這篇論文和他沒什麼關係，是兩位「大佬」的原始想法。

這篇論文讓貝特受到啟發，繼續研究比鈹更重的元素，讓他在 1967 年獲得了諾貝爾獎。而阿爾弗在 1953 年發表了修正版論文，即宇宙最先出現的質子和中子一樣，是由能量直接轉變而來，並非是由中子衰變產生。他到處演講，宣揚他所預測的宇宙電磁微波強度。可是，因為大眾都有了 $\alpha\beta\gamma$ 論文先入為主的偏見，他個人人微言輕，根本沒有人聽他的……。

傳奇謝幕

最終，失意的阿爾弗離開了物理界，轉職通用電器公司，而物理界的研究卻還在繼續。

詹姆士．皮博斯 (James Peebles) 於博士後研究時期，在不知道阿爾弗的研究結果下，又獨立計算了十五年前阿爾弗提出的電磁微波強度內容；並於 2019 年，憑藉對於宇宙學的貢獻，獲頒了諾貝爾獎。此外，彭齊亞斯 (Arno Penzias) 和威爾遜 (Robert Wilson) 用貝爾實驗室的大號角無線電天線聽到了「宇宙大霹靂的聲音」；由於這個發現十分偉大，他們兩人在 1978 年獲得了諾貝爾獎。

圖 23-3 彭齊亞斯 （右） 和威爾遜 （左）。
(Credit: Bell Telephone Laboratories)

諾貝爾物理獎一般有三個名額，當時的學界建議把第三個名額給阿爾弗，畢竟在二十多年前，他就已經預言宇宙電磁微波了。但當時的諾貝爾獎評審委員會不這麼認為，將第三個獎項頒給了一位偉大的俄國科學家彼得．卡皮查 (Pyotr Kapitsa)。

儘管彭齊亞斯在頒獎後找阿爾弗徹夜長談，努力給他正名，美譽他為 「宇宙大霹靂之父」， 但這一切似乎都太遲了 。 直至 1999

年，阿爾弗仍然對他博士班導師加莫夫草率處理他論文的事情耿耿於懷。

2006 年，諾貝爾物理獎再次頒給了宇宙微波項目，阿爾弗仍沒有獲獎。但這時候的他歷經過宇宙銀河滄桑，早已悟浮生、淡浮名、心太平，達到了為而不爭的修養。隔年，他就過世了。

圖 23-4 2018 年，作者參觀了貝爾實驗室的大號角無線電天線。

24. 回顧 NASA 四十年

我在 NASA 工作時，每年都會掌握數千萬左右美元的科研費用，撥款給大學和政府的科研團隊。這些費用都用來做什麼呢？

在很多人看來，NASA 是很神祕的。有人問我：科研人員一定每天都做著很複雜、繁重的工作吧？研究太空肯定很有趣吧？每天都會有新的發現與突破吧？對此，他可能只說對了一小半。一個從事太空科研任務的科學家，人生軌跡一般會與常人不同，做的事情也並非大家所想像的那樣。

在 NASA 四十年，兩個重要的項目

其中一個專案，就是和歐洲合作，測量、檢測愛因斯坦的等效原理，因為等效原理是愛因斯坦相對論的基礎。這個專案前後進行了將近十年，每年都會花費數百萬美元進行評估論證。而這個實驗，不僅昂貴，而且很難做。當時我們預測了一下，估計需要的經費是五億美元起跳，所以在二十一世紀初，這個實驗就停止了。

另外一個重要項目，是在 2012 年時，我們要在微重力的情況下去測量——也是愛因斯坦預言的——有關玻色－愛因斯坦凝聚態。

這個項目說起來，還要追溯到 1915 年，愛因斯坦預測了引力波的存在，並且非常難測量到。果然，人類經過一百年左右的發展，才測量到了引力波。測量引力波需要極高的精確度，要以「雷射」

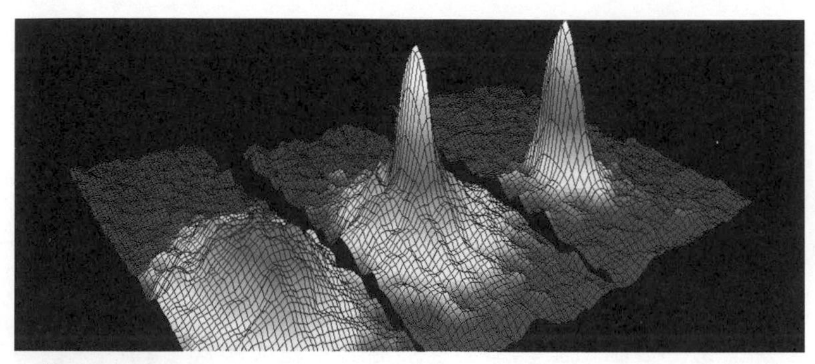

圖 24-1 玻色－愛因斯坦凝聚態。(Credit: Wikipedia/Public Domain/NIST/FedGov/USA)

為基礎，而雷射是 1960 年才出現的；在雷射出現後，又過了約五十年，我們才做出「雷射干涉儀」。在這五十年研究儀器的過程中，我們又花了一百億左右的美元。

到今天，我們已經在研究凝態原子干涉儀，希望能用它來測量引力波。在理論上，其精確度會比雷射干涉儀要好上一億倍。目前，雷射干涉儀測量的精確度是 10^{-18} 公尺；若要製作出精確度達到 10^{-26} 公尺的原子干涉儀，還要投資至少上億美元。

現在的我們，在驗證先人的理論

看到這裡，大家應該也瞭解了，我所做的兩個最重要的科技管理項目，都是在驗證愛因斯坦的理論。

由於愛因斯坦的理論都是靠大腦想出來的，所以我們要對它進行驗證。這其實是一個非常困難的過程，比如我們要做出原子干涉儀，首先要找到凝聚態。凝聚態是在 1995 年才被發現的，但愛因斯坦在 1930 年就已經把它提出來了，這個難度大家可想而知。直到今天，我們仍然在對愛因斯坦的等效原理進行驗證。

所以，一個偉大的科學家，就是可以給未來的人類設定一個突破的目標。曾經，牛頓創造了宇宙力學理論，而愛因斯坦修正了牛頓的理論；至於未來，誰能夠修正愛因斯坦的理論，我們不得而知。

但我們現在已經遇到了科學研究的一塊「鐵板」，就是暗物質與暗能量，所以我們也不能確定，愛因斯坦理論就是宇宙的「終極理論」。其實，我們甚至相當有把握，它不是宇宙的終極理論。

科研，可能付出人的一生

並不是每一個科研人員，都可以見證歷史性的突破。有時候，上千個科研人員進行十年、甚至二十年的研究，都不一定有什麼進展。所以科研不一定有趣，相反地，它可能還會有些乏味，甚至讓你感到無奈。

即便如此，很多科學家也仍在科學的領域繼續「踱步」，希望能一步一步推開人類未知的牆。目前我們遇到的最大難題可能是暗物質、暗能量，但宇宙無窮無盡，未來科學闖關的路上會遇到怎麼樣的大 Boss、會消耗幾代人多少的心血，都是未知⋯⋯。

我已經退休了，對於我來說，人生的科研階段可能已經結束了。說「可能」，是因為 NASA 不時還找我「顧問」資訊。不過，好在我仍遊走於太空科普領域，能繼續在海峽兩岸、美國、乃至全世界，進行太空科學的普及。這是我能做到的、也非常願意做的，一件有意義的事情！

25. 想體驗「絕對零度」的永恆靜止嗎？

大家知道絕對零度嗎？生活中，我們接觸的都是攝氏溫度，很少接觸「絕對溫度」，但我們對於絕對零度的追求，卻從來沒有停止過。到現在為止，我們也不能完全達到絕對零度，這是怎麼一回事呢？

絕對零度其實是古典力學的概念，說的是一般物質理論上的最低溫度，比如所有的固態、液態、氣態物質的最低溫度。其實，科學家一直在研究絕對零度，也想要看看如果真正達到絕對零度，是否會有「異象」產生。

下面，我們就從絕對零度的概念及發現講起。

氣球膨脹的壓力是從哪來？

我們吹氣球時，氣球就會膨脹。十八世紀左右的物理學家就提出了一個疑問：這股壓力從何而來呢？到最後，物理學家們得出了一個結果：空氣中有很多原子，而原子的運動形成了支撐氣球鼓起來的壓力。這種運動，叫做「布朗運動」。

這些原子的運動軌跡我們並不清楚，不過我們清楚的是，它們會在這個空間裡面四處「碰壁」。但是根據統計力學，科學家們得出了一個「理想氣體定律」——波以耳定律（$PV=nRT$），即壓力與體積的乘積和溫度成正比。

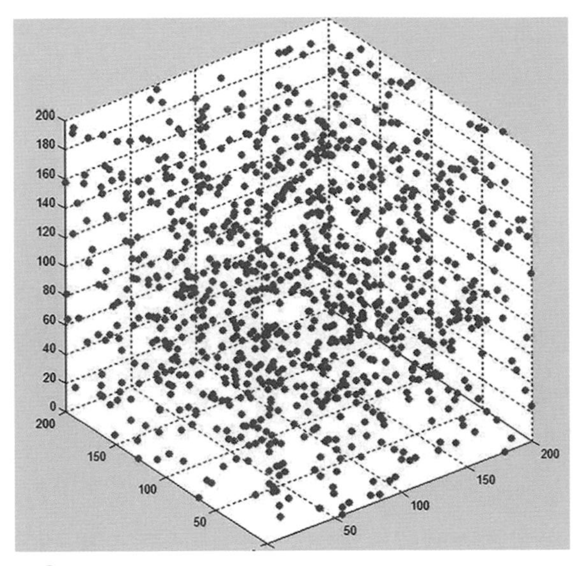

圖 25–1 布朗運動。

所以，如果原子不亂動碰壁了，就不會產生壓力；而壓力為零，那麼波以耳定律右邊的 T 也就等於零了，這個零就是絕對溫度的零。同時，因為原子不亂竄碰壁，它們其實就像被凍僵躺在那邊，也就無法形成波以耳定律左邊的體積 V 了。換言之，如果體積等於 0，溫度也就再次跟著為 0 了，這就是絕對溫度為零的古典原始來源。絕對溫度以凱氏溫標 K 來代表。若以絕對溫度來衡量，攝氏 0 度為 273.15 K，攝氏 100 度為 373.15 K；絕對溫度 0 K 為攝氏 –273.15 度。由此可以得知，K 的每度大小和 C 相同，只是 K 是以 C 的 –273.15 為 0 點罷了。

為了達到低溫，人類剛開始使用了各種冷媒，如乾冰、液態氧、液態氮、液態氫、液態氦等東西，後來又利用低壓環境製作成「超流狀態」。我們都知道，超導狀態即沒有電阻，那麼超流狀態即是原子流動時，彼此間沒有阻力或黏滯力。

經過這一系列的操作，包括用液氦-3 超流冷媒，我們終於讓溫度達到了約千分之一度的絕對溫度！

量子力學讓人崩潰

我們曾經想著，希望能把原子冷凝固定住，讓我們「一看究竟」。但是，量子力學的出現就讓我們「崩潰」了。為什麼呢？這時候，我們就要掏出曾經反覆提及的「測不準原理」了。

測不準原理是量子力學的基本理論，它有兩個相對的元素：時間和能量、位置和速度。這兩組相對指標，是互相「測不準」的！當原子完全靜止的時候，等於我們精確的知道了它的位置，那麼它的速度我們就無法得知了。於是，在我們定位它的瞬間，它的速度可能是無窮大的，還沒等我們看清，可能就消失不見了！

圖 25-2 量子力學的測不準原理。

還有一個經典的測不準原理的結果，就是宇宙大霹靂的瞬間。為什麼宇宙大霹靂的能量那麼高?因為我們把時間規定到太精確了，而能量這部分就會因為測不準原因，發生巨大的量子震盪。這也是現在我們測量暗物質、暗能量的困難──我們很難再去製造那麼大的能量。

說回絕對零度，現在大家應該明白了：絕對零度怕是很難達到了！

我們還對絕對零度有什麼暢想？

不過，我們還是想了很多辦法來盡可能地達到絕對零度；著名美籍華裔科學家朱棣文發明了「雷射冷卻」，就讓我們離絕對零度更近了一步。因為這一個偉大的發明，朱棣文獲頒了 1997 年的諾貝爾獎。

大家可以想像一下：一個子彈在空中飛，我們很難讓它停下來。但是如果我用六顆子彈，分別在這顆子彈的上、下、左、右、前、後，找準時機發射，理論上是不是可以讓子彈在一瞬間停止下來呢？

朱棣文先生的雷射冷卻就是利用這樣的原理，在一個原子的周圍發射六顆光子，嘗試讓原子靜止。利用這樣的技術，我們又讓溫度冷卻了一億倍！現在我們在國際太空站中，已經能達到 0.0000000001 K 的超低絕對溫度了！

不過，既然還沒有達到絕對零度，我們就可以對它有所期待和暢想了。比如，達到絕對零度時，是否可以把人「時空禁錮」住？一個人如果「被絕對零度」了，即身上的一切都靜止了，就不會死亡、衰老，記憶也停留在那一刻；百年之後，滄海桑田，想必是一番很神奇的光景！

有人說，絕對零度是固態、液態、氣態、電漿態或玻色–愛因斯坦凝態的另外一種狀態。其實不是，它僅僅是一種溫度罷了。事實上，量子力學的測不準原理，永遠不允許人類的科技抵達絕對零度。但在極接近絕對零度的低溫環境下，會有很多人類無法想像的物質存在的量子狀態。向絕對零度邁進，人類或許可以開拓出一片肥美的量子科研沃土。

26. 人類能帶著即將毀滅的地球去流浪嗎？

當下，地球處於「人類世」，那麼，「人類世」會一直持續嗎？人類終將去哪兒？太陽、地球會不會毀滅？

2019 年有一部很熱門的電影，叫做《流浪地球》，我很佩服劉慈欣的腦洞。曾經，科學家們想過用太空船載人逃離太陽系，但他想到了通過讓地球流浪的方式逃離太陽系。如此一來，所有人類都可以跟著一起走，而且還能保護地球的生態環境。

不過，電影中還是出現了一些科學疏漏。科幻與科學之間，距離究竟有多遠？

氦閃、紅巨星，哪個才是流浪的原因？

目前，科學家已經有相當大的把握，可以確定像太陽這樣的恆星，會有生老病死。太陽的壽命只有 100 億年，再過 50 億年就一定會發生變化。而太陽老化的第一階段，應該是「紅巨星」階段。

「紅巨星」是一個什麼樣的狀態呢？其實，有很多類似太陽的恆星，都可能發展至「紅巨星」狀態。以太陽為例，目前太陽所釋放的能量，僅由核心 10% 的氫轉變為氦釋放出來。當核心的氫燃燒完後，太陽就會開始冷卻、收縮。

而在收縮之後，周圍 90% 的氫受到的壓力變大，引起氫變氦的核變，於是太陽又開始加熱，逐漸膨脹，變為「紅巨星」。這個膨脹的過程，可能會吞沒水星、金星、地球，甚至火星。

而《流浪地球》中提到的氦閃，實際上是「紅巨星」冷卻收縮之後的事情。它是由於太陽核心的氦進一步發生反應，轉變為碳，再轉變為氧的過程。這個過程較短又較晚，綜合看來，造成我們必須流浪地球的原因，一定是太陽開始變成「紅巨星」的階段！

「流浪地球」計畫，仍需改進

既然流浪地球可能是未來人類必須走的一步，那麼我們確實應該研究一下它的可行性！

《流浪地球》中，在全球各地建設核反應爐，試圖用這樣的力量幫助地球逃脫太陽軌道。但實際上，核反應爐的效率不高，比如太陽的核反應爐，由氫變成氦的過程，只有 0.7% 的效率。

什麼是更高效率的「助推器」呢？這裡我們要提一個概念，叫做「反物質」。在宇宙大霹靂之初，物質和反物質同時出現。比如說，大家都知道電子帶負電荷，那麼帶正電荷的電子就是反電子。它們在激烈碰撞的過程中，只留下了十億分之一的物質，反物質沒有留存下來，全部變成了光子。

現在，我們可以通過質子加速器，在其中製造反物質。如果有一天，人類的科技發展到足以製造大量的反物質，通過物質與反物質碰撞，以 100% 的效率釋放能量，地球絕對有機會脫離太陽軌道。

其次，我們在「地球流浪」過程中，很可能受到其他星球的引力，例如木星。如果我們想要流浪到很遠很遠的外太空，那麼就需要像木星這樣的星球提供「引力助推」！

以木星為例，大家都知道，它的質量是地球的 300 多倍，地球可能會受到木星的引力而向它加速前進。增加的速度，得力於木星的引力助推，可以把地球以更高的速度，甩離太陽系。《流浪地球》中，這個重力助推的科學概念處理得很好。

科學與科幻的距離

現在來看，《流浪地球》這部電影很成功，因為它做為一部科幻電影，帶有較強的科學真實性。我個人也會看很多科幻電影，但我覺得，科幻電影的底線應該是不逾越科學的界限！

比如在 1968 年出現的科幻電影《太空漫遊 2001》，它被譽為科幻電影的里程碑，50 年以後看來，它所說的科幻與科學沒有距離。

再比如說《侏羅紀公園》，它裡面所表述的：一隻蚊子叮了恐龍，然後被松蠟包裹成為化石，人類今天發現它後，用恐龍的血克隆（複製）出恐龍。無論是否真實存在，但從科學理論上來說，它是可行的！

科學，就是讓許多不可思議的事情變成現實。地球目前的「人類世」，可能只是浩瀚宇宙中，不及白駒過隙的極小段時間。但我們期待科學的發展，如果「子子孫孫無窮盡也」，我們希望未來的科技發展，真的可以讓他們帶著地球去流浪！

27. 俄羅斯 12,000 公尺深坑下的祕密

中國有句老話：上九天攬月，下五洋捉鱉。那曾經是古人的夢想。而現在，我們上天很容易，想要進入地下，卻很難。下面我們就來說說地球深處的故事。

網路上經常會有文章寫著：「地球的深處有生命、地球深處可能是我們想像不到的場景。」這有一定道理，但那裡是我們幾乎不可能到達的地方，所以很難驗證！我們說「上天容易下地難」，目前人類對於外太空的理解，比對我們地球本身的理解要多得多。

說起地球深處的生命，我們倒是可以重提生命起源，來聊聊極端環境下生命和我們的關係。

所有生命，全都「一個樣」

為什麼會有人認為地球深處有生命呢？其實都是「碳原子」惹出來的。我們知道，所有地球生命都是以碳為基礎，DNA 為藍圖，左旋胺基酸為結構的蛋白質生命。既然地球深處有碳原子，還可能有水，那就很可能有生命。

然而，地球深處的生命，和我們想像的不一樣。它們大多是能夠抵抗惡劣環境的細菌，即便是生命，但也很難演化成「文明社會」，更不可能出現如同「桃花源記」一般的光景。

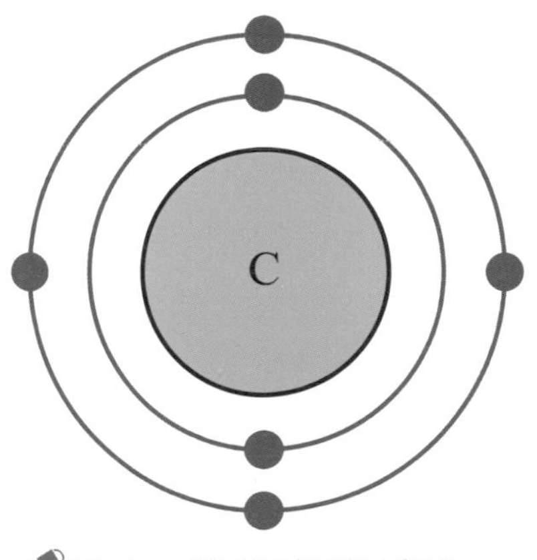

圖 27-1 碳原子結構示意圖。

對於生命而言，最難的是要產生有生命活力的化學分子。而生活在地球地下的這些細菌，雖然可以說仍然有生命活力，但畢竟地球深處太熱了，它們每分每秒都為存活使出全部力量，保持「活性」部分，只能用奄奄一息來形容了！

從生命起源到現在，生命一路坎坷

45.5 億年前，太陽系和地球同時形成，形成地球的原始材料中有鐵、鈷、鎳等重金屬，使地球有鐵核。地球被各式各樣的彗星和小行星帶來的隕石撞擊，很有可能是彗星上的冰融化為水，讓地球有了海洋。

當地球海洋形成後，經過月球對海洋的潮汐作用，地球海灘上就出現了原始濃湯。可能正是在這些原始濃湯中，最初的生命化學分子出現了。但等待它們的，卻是不斷的「隕石轟擊」。

我們可以想像，當時的地下就是生命的「防空洞」。為了躲避隕石風暴，很多地表的細菌生命都鑽進了地下或是海中。有的中途可能出來過，有的可能就一直在地下或海底生活。

除此之外，生命很有可能是從火星乘著隕石列車來到地球的。若是這樣，火星到地球的旅程可能長達 1,500 萬年，細菌在 1,500 萬年中，於真空環境下不吃不喝還能存活，這就很厲害啦。

所以我們說「生命是個奇蹟」，歷經這樣的艱難險阻，現在不僅有生命，還有文明。可以說，我們很「幸運」！

研究地表下生命有意義嗎？

我們說回地下生命，目前，人類能夠到達地下最深的地方，大概是 12 公里，那裡已經有攝氏 180 度的高溫，我們很難繼續挖下去了。有人說，向地表下挖掘沒有意義，挖不到什麼東西，純粹是浪費錢。但實際上，這卻是我們太空科學研究的重要一環。

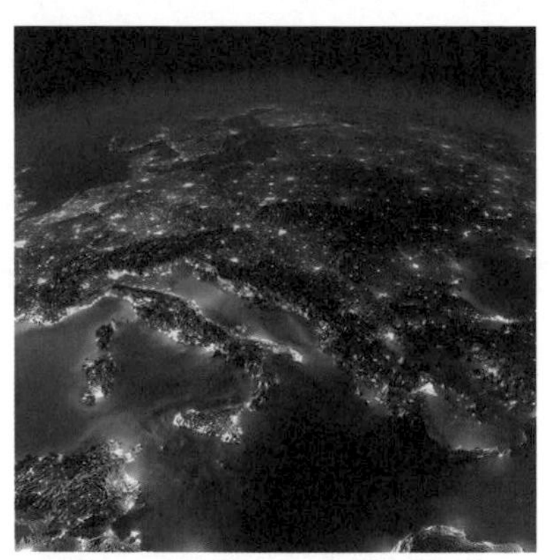

圖 27-2 地球文明生命的奇蹟。
(Credit: NASA/ISS)

我們生活在地球上，殊不知，太陽系任何一個星球，生存環境都要比地球惡劣得多。極溫、高壓、缺氧、極酸、極鹼、重金屬，在這樣的環境下，我們是很難進行科學實驗的。但地球深處可能有著某些細菌生命，可以在此類極端惡劣條件下生存，那就會給我們對外太空極惡劣行星環境生命的研究，提供很大的便利。目前，地球上最耐高溫的生命，能夠承受的溫度大概在攝氏 160 度。我們尚且不知道，繼續向地球深處挖去，會不會有其他的「驚喜」。

這就是有關地球深處生命的知識啦，如果有人說俄羅斯的工程挖出了什麼「會飛的怪物」、「聽到了哀嚎聲」，那都是瞎說。只是科技水準有限，我們下不去更深了而已❶。

---

❶ 從地表往地心方向挖，每挖 1 公里深，溫度約會上升攝氏 25 至 30 度。

28. 人類在土星衛星的眼睛「卡西尼號」

在地球，地心引力讓我們站在地面上。然而，並非所有星球都可以「站在地面上」的。或許你不知道，離我們比較遙遠的木星、土星、天王星和海王星，它們都是「氣體星球」！

木星、土星都是氣體星球，並且它們的體積大，雖然公轉太陽一周比地球慢很多，但自轉速度快，即它的每一天比地球的一天 24 小時要短。土星遠在天邊，距地球遙遠，使用探測器親臨土星實地探測，耗資巨大、曠日費時。但目前我們已經發射的土星探測器有好幾個，如航海家號、卡西尼·惠更斯號等等。

為什麼木星、土星、天王星和海王星會是氣體星球？它們的大氣組成成分都是什麼？下面，咱們就來聊一聊。

土星這樣的行星是怎麼來的？

宇宙大霹靂之後，宇宙中的物質成分基本已經定下來了。目前，宇宙中約有 75% 的氫和 25% 的氦，這是在宇宙大霹靂後 3 分 46 秒時就已經定好的，如本書第二十三篇所述。

在這之後，宇宙出現了許多物質不均勻的地方，就會發生「凝聚」。一些「核」就此出現，在不斷長大的過程中，它吸引了一些宇宙中其他的材料。隨著凝聚的東西愈來愈多，它就會發生核變，之後氫氦鋰鈹硼等化學元素週期表上的物質都出現了。如果這個星體變得足夠大，發生核變後，恆星就出現了。恆星誕生後繼續發生核變，且這顆恆星比較大的話，最終就變成超新星爆炸。爆炸之後，鐵、鈷、鎳這些金屬飛了出去，還有氫和氦也跟著一起飛出去，之後這些東西就再一次混合及凝聚。

我們知道，太陽大概是 50 億年前形成的，根據宇宙的壽命（宇宙大霹靂距今近 138 億年），我們猜測太陽可能是第二代或者第三代超新星爆炸後的產物。太陽周邊有很多岩石和重金屬物質，也圍了很多無所不在的氫和氦，尤其在太陽的周邊，堆積了大量的氫和氦氣體，我們以星雲稱之，它若圍繞著太陽轉，我們就叫它「星雲圓盤」。接近太陽部位的岩石、金屬和大量的氫與氦氣體，源源不斷地往核心凝聚，這一部分就叫做「增積圓盤」。即外面轉的部分叫星雲圓盤，內部核心叫增積圓盤。

增積圓盤的範圍，大概在 5 個天文單位，也就是到小行星帶這麼遠（小行星帶介於火星木星中間，有無數的固體小行星）。一些固體在增積圓盤的範圍內互相吸引碰撞，形成了現在的水星、金星、地球和火星。

那麼，小行星帶以外的木星、土星呢？由於它們距離太陽較遠，已經超過了「結冰線」（距離太陽超過一定範圍，水無法以液態的形式存在，該距離被稱為「結冰線」），於是在木星和土星的位置，就漸漸先形成了一個「冰核」。冰核的核心也可能包含了一個小小的岩石核，但比例上比結冰線內的岩石類行星要小太多了。

冰核也有引力，會不斷吸收周圍的氣體。而在結冰線外，當時星雲圓盤上堆積了大量的氫和氦，就被冰核的引力幾乎全部吞掃而

圖 28-1 土星。(Credit: NASA/ESA/Cassini-Huygens)

光，形成了現在木星、土星這樣的氣體星球。木星、土星吞食了大量氣體後，個頭變得很大，在星體深處的氫氣受到巨大壓力，因此以「金屬氫」的狀態存在。但在天王星和海王星的位置，因為沒搶到足夠的氣體，它們雖然仍是氣體行星，其內部結構就大不相同了。

土星探測得怎麼樣了？

從時間上，距離咱們最近的土星探測器是卡西尼．惠更斯號，它是以義大利科學家卡西尼和荷蘭科學家惠更斯命名的，這是因為他們分別發現了土星的幾個最重要的衛星。

這些衛星，在西方都有單獨命名，傳到中國，因實在是不太好記，聰明的我們就把它們一字排開，叫成土衛一、土衛二、土衛三、土衛五十三⋯⋯，但土衛六的大名，大家可能都有所耳聞，它叫做 Titan，泰坦星！電影《復仇者聯盟》裡的薩諾斯，好像就是這個星球的吧？

好了，我們說回正題：惠更斯和卡西尼兩位天文學家，在十七世紀開始追蹤觀測土星的幾個衛星，科學家接力持續到了二十世紀中葉，竟然發現泰坦星是太陽系中唯一擁有大氣的衛星。科學家們一直等到 1997 年，才有能力發送了卡西尼．惠更斯號土星探測器，用最先進的科技，跑到土星的家門口瞧瞧，並且還要登陸泰坦星，把它看個夠！

當然了，卡西尼．惠更斯號的任務，不僅僅是探測泰坦星這麼簡單。總而言之，它帶著「一身的任務」出發了！

圖 28–2 卡西尼．惠更斯號示意圖 。(Credit: NASA/ESA/Cassini-Huygens)

卡西尼．惠更斯號 2004 年進入了土星軌道後，在 2005 年的 1 月把惠更斯小艇放了出去，登陸泰坦星。自此之後，它不斷向我們傳送新資料：

比如，土衛二有很多噴泉出現在南極，大部分都是水，說明土衛二下面可能是一片海洋！人類尋找外太空生命的核心策略是「跟著水走」，因為有水的地方，就可能有生命存在。

再比如，土衛六上有很多湖泊，不過經科學家分析，土衛六上的湖可能是甲烷湖、「酒精湖」或是液氮湖，基本不可能是水湖。這些湖，有的比地球的裏海還要大（裏海長約 1,200 公里）。土衛六的大氣，經實地測量，主要由氮氣 (97%)、少量的甲烷和氫氣組成，表面大氣壓力近地球的 1.5 倍。

卡西尼號給我們的資料，一直到 2017 年 9 月才算完結。在卡西尼號的燃料即將用盡，大概剩餘 1% 時，我們就要為它的「後事」考慮了。雖然卡西尼號出發前經過高溫消毒，但太空船上可能有很多精密的儀器，我們只能給它們加熱到 150 °C 左右，但我們知道，在地球上有些細菌甚至能在 160 °C 環境下存活，所以我們沒有完全的把握，說卡西尼號上絕對沒有帶上地球細菌的偷渡客，若讓它在土星衛星上墜毀，有可能會污染這些純淨星球。

人類探測這些星球的重要目的，就是要尋找地球外的生命，土星的衛星，尤其是土衛二，極可能有生命的存在，絕對不能被地球的細菌污染。就此，科學家們想了幾個辦法。一是讓它飛向太陽，但這個週期可能很長，中間有很多不可控的因素，所以不這麼做。二是讓它「撞向土星」。

最終卡西尼號衝入土星，在土星的大氣中分解，化成土星的一部分，結束了它 20 年的宇宙之旅，為我們做出了巨大的貢獻！

我想，卡西尼號雖然是人類創造出來的探測器，但它和人類親密互動，好像也有了生命。它用生命為我們帶來人類難以觸碰到的資訊，用盡所有力氣，吐完最後一根絲，燒完最後一滴蠟，絲盡淚乾後，把收集到的所有訊息，完全傳給人類，然後墜入土星，為土星衛星留下一片淨土⋯⋯。

29. 人造衛星在墜落，月球在遠離

火星衛星的發現，有一段曲折的歷史。在伽利略發現木星的 4 顆衛星後，最開始，克卜勒推測火星有 2 顆衛星，因為地球有 1 顆，木星有 4 顆，火星在中間，他認為衛星數目應是以上帝完美安排的指數級 1、2、4 增長。

但這僅是猜測，在克卜勒之後的兩百年，都沒有任何人能夠尋覓到火星衛星的蹤跡。直至 1877 年，美國天文學家霍爾才通過當時最先進的折射式望遠鏡，發現了火星的兩個衛星。

「火星月亮」的命名與特點

霍爾發現火星的兩個衛星後，依照火星的神話傳統，將其分別命名為戰神阿瑞斯的兩個僕人：佛勃斯（Phobos，代表畏懼）和戴摩斯（Deimos，代表驚慌）。

這兩個火星衛星各具特點，又有相似之處。火衛一圍繞火星的轉速很快，它由西向東，僅需 4 小時 15 分即可穿過火星夜空，消失在東方地平線；火衛二由東向西轉動，公轉週期為 30.35 小時，從火星上看要經過 65 個小時，火衛二才從西方地平線落下。

同時，火星衛星的亮度都不高，體積也不大。火衛一的亮度約為月球的 2/3，長寬高分別 28、22、18 公里；火衛二的亮度則是火衛一的 1/40，長寬高分別為 16、12、12 公里。這也是火星的衛星難以被發現的原因，一方面是體積小，另一方面，火星相對明亮，在明亮的物體前，暗的物體很難被發現。

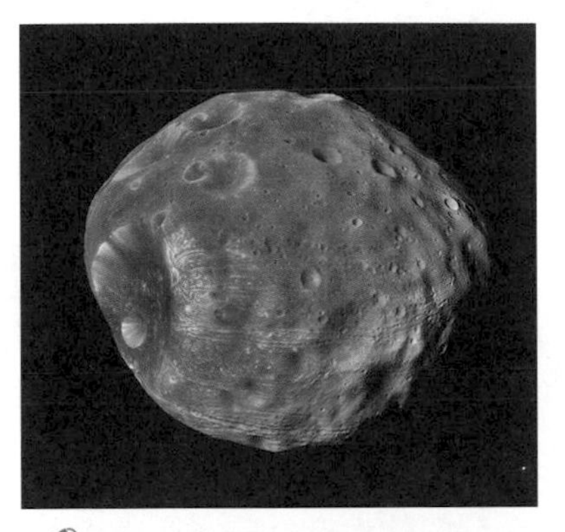

圖 29-1 火衛一佛勃斯，形狀類似一顆 「畸形的馬鈴薯」。(Credit: NASA/JPL)

此外，兩顆小衛星的軌道並不相同，火衛一的軌道隨著時間的推移離火星愈來愈近，而火衛二的軌道則是離火星愈來愈遠，這均是由「重力潮」導致的。

火星衛星的未來將會如何？

「洛希極限」是科學家洛希提出的概念，即衛星環繞一顆行星時，如果在洛希極限之內，就會因「重力潮」綿綿不斷的長久作用，逐漸向行星接近，最終會墜落至質量較大的星球上。如「重力潮」超強，質量較大的行星甚至會將質量小的衛星「碾碎」。正常來講，衛星環繞火星可能已運行了 45 億年，應處於洛希極限外的標準，否則早已撞向火星，不必等到人類看到它以後，才表演向火星隕落的戲碼。

例如，地球送到太空上的人造衛星，都是在洛希極限之內，最終結果皆會墜落地球。而月球環繞地球狀況處於洛希極限之外，會一點點脫離地球，最終漫遊宇宙。

回到火星的兩顆衛星。火衛一在洛希極限之內，受重力潮影響，正在一點一點向火星靠近；而火衛二在洛希極限之外，則在一點一點脫離火星。科學家計算出來，火衛一的比重可能是水的千分之一。這個計算顯然誤差極大，但並不妨害科學家繼續推論：自然界沒有這麼輕的比重材料，除非是中空的。而中空材料必得是科技產品。於是火衛一是火星人發射的太空站一說，就粉墨登場。

正是由於火星衛星的特殊性，也引起科學家們對火星衛星由來的猜測。前面提到了一種猜測，即火衛一是火星人向太空發射的太空站。不過，後來科學家已通過近距離照相，明顯看到火衛一的形狀類似一顆「畸形的馬鈴薯」，這種結論也就不攻自破了；另一種猜測，則是火衛一與火星是同一時間形成的，不過科學家們發現，火衛一的材質與火星並無關係，於是這種猜測也被否定了。經過對行星材質的探索，發現火衛一的材質與小行星帶的行星極為相似，它可能是小行星帶中千萬個行星中的一顆，在宇宙「漫遊」過程中被火星抓住的。

不過，即便如此，火衛一仍顯得有點奇怪，因為如果是被火星「抓住」的衛星，它應來自四面八方，進入火星引力場的軌道面，應當與火星赤道面無關聯，且呈大橢圓形軌道。但火衛一軌道面不但呈圓形，還在火星的赤道平面上，至今這仍是一個未解的謎團。

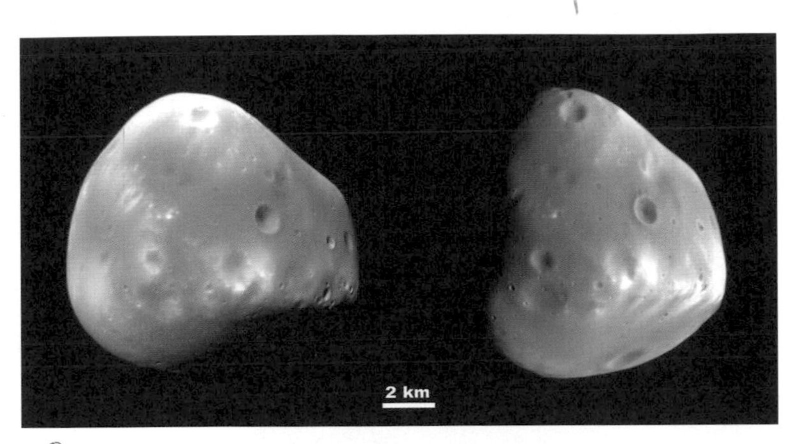

圖 29-2 火衛二戴摩斯。(Credit: NASA/JPL)

目前來看，小行星帶的小行星多為碳質球粒隕石，很可能含有胺基酸，可做為生命起源的素材。並且，火衛一可能含水、碳、氫與氧氣，甚至可為太空人往返火星提供燃料。不過這些仍是未知，還在探索之中。

30. 月球的伊甸園在月球南極的山洞中

嫦娥四號讓中國走向世界尖端。

2019 年 2 月，中國宣布把嫦娥四號的探測資料向世界分享。中國想藉由研究月球方面的新進展，向其他國家展現國力。近 20 年來，中國的太空科學研究開始崛起。中國宣稱其過程可以用兩個字總結，一個是「趕」，一個是「超」，嫦娥四號登陸月球背面，是「超」的例子。

其實，宇宙科學並不枯燥，關於月球，著實有很多有趣、好玩的故事。

月球是怎麼來的？

關於月球的起源，一開始有兩種說法。

一說月球是從很遠地方來的一個小星體，路過地球的時候被抓住了，開始圍繞地球公轉；二說月球是由一個類似火星的小行星撞擊地球，因為碰撞產生的能量，讓地球變成了一個大火球，且碰撞後崩離的材料，在目前月球軌道上聚合成了一個小火球，被地球引力抓住，成為現在的月球。

不過呢，1969 年 7 月 20 日，阿波羅 11 號登月後，我們排除了一個錯誤答案。阿波羅登月後，從月球表面帶回來了一些岩石。我

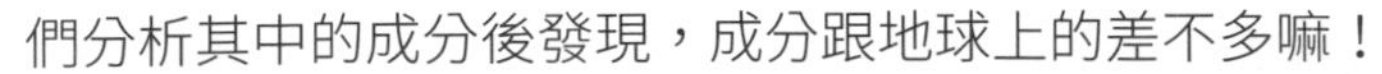
們分析其中的成分後發現，成分跟地球上的差不多嘛！

圖 30–1 阿波羅的「鷹號」登月艙登月。(Credit: NASA/JSC)

如果是從遙遠地方過來被地球抓住的星體，成分必然和地球不同，第一種理論也就被我們否定了。所以目前看來，月球極有可能是地球這個母親「生的孩子」。

月球是個「橄欖球」

我們都知道，地球不是正球體。同樣，月球也不是正球體，它更像一個橄欖球。這其實是地球與月球間的相互引力造成的。月球受到來自地球的引力，從而被拉成了橢圓形。並且，一旦它的中線不對準地球的球心，地球引力就會把它拉回來，所以月球的行動軌跡是如圖 30–2 這樣的。

正因為如此，我們看不到月球的背面，這也是嫦娥四號著陸月球背面的價值所在。當然，地球同樣也會受到來自月球的引力，不

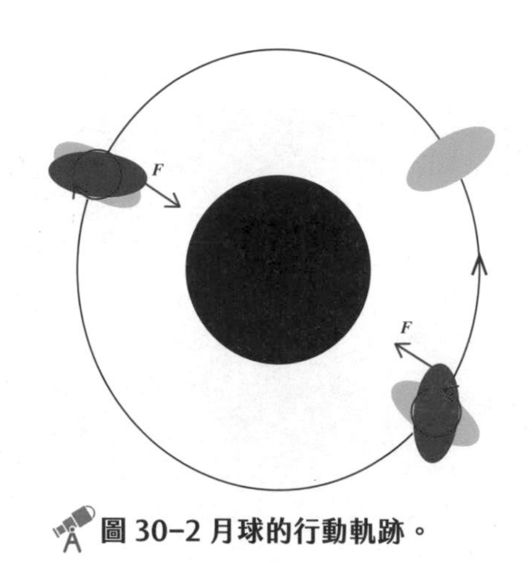

圖 30-2 月球的行動軌跡。

過由於月球引力小，地球並不會被月球「潮汐力量」鎖定，變形的幅度也非常小。

月球表面光滑，背後粗糙

月球這顆小火球，在軌道上被地球的潮汐力量鎖定後，只有一面對著地球。此時的地球是一顆大火球，所以月球正面，仍舊要接受地球傳來大量的熱，這就讓月球表面維持在熔融的狀態，且凝結後變得很光滑。

由於月球的背面背對著地球這顆大火球，冷卻得很快。在冷卻過程中，又有從宇宙其他地方來的隕石向月球隕落。於是，月球背面，就形成了一個坑坑窪窪的地質結構。

由於地球這顆大火球，面對著月球正面，在月球正面冷卻的過程中，即便有隕石落下來，也會被熱量熔化，慢慢冷卻後變得光滑。所以，月球正面和背面，就變成了今天這樣完全不同的地質結構。

**圖 30-3 月球背面坑坑窪窪的地質結構。(Credit: NASA/JSC)**

月球可以構建生態圈

嫦娥四號帶著棉花種子上了月球，想在月球人工構建一個生態圈。結果大家也都知道，棉花種子發芽了，但是沒多久就死去。然而在我看來，這是一項非常成功的實驗！

月球背面，黑夜的溫度是攝氏零下 150 度，嫦娥四號要用自己的能源給它創造攝氏 20 度的空間，但是嫦娥四號的能量畢竟有限，總不能都用來保護植物吧?所以這次，棉花種子能發芽已實屬不易，至少證明在月球上構建生態圈這一舉措可行。不僅如此，其實我們已經知道月球上哪裡可以構建更大的生態系統了，那就是月球的南極。

圖 30-4 月球南極。(Credit: NASA/JSC)

月球南極的地下有「水冰」，這是生命存在的基礎。不僅如此，想要在月球上生存，還要在月球的南極找好山洞。因為沒準兒什麼時候飛來一塊隕石，如果砸到人類的基地上，那就不好玩了。還有，要找「陰影的分界線」居住，月球有陽光的部分和沒有陽光的部分溫度相差很大，所以我們必須要在陰影的分界線附近建構生態圈，好調整溫度。

關於在月球居住，還有一個好玩的事兒。我們都知道，每個國家都有自己的領土、領空，但是對於月球而言，它是一塊「公共土地」，誰先到那裡就有先使用的權利。這難免各大國家勾心鬥角，比如美國登月，在月球的某個地方插了國旗，等中國上去沒準就把美國國旗拔了！

不過這樣也不一定是壞事兒，畢竟大家你來我往，在競爭中，加大對月球的探索、研究，月球的祕密也就更多的浮出水面了。

31. 怎麼判斷流星雨的星座？

流星雨總能吸引許多年輕人的關注，可是，獅子座流星雨、雙子座流星雨……，這些流星雨的名字，是怎麼被命名的？所謂流星雨，又和隕石有什麼關係？

近年來，有關星座、血型等「占星術」的內容愈來愈興盛。它們的受眾，已經從年輕族群向中老年族群蔓延。將星座和生辰連在一起，一直被認為是「偽科學」，但大家卻為它著迷。我想，這很有可能，是因為它與浩瀚無際的宇宙有關。

下面，我就和大家聊聊那些「從天上掉下來的東西」。其實大家可能並不瞭解，流星、彗星、隕石，這三樣東西，都不太一樣。

流星、彗星、隕石有啥區別？

這還要從彗星說起。很多彗星都是從很遠的地方，如古柏帶和歐特雲區等，飛過來的。彗星一般有一個冰核，後面會拖著一條有時長達上億公里、由冰碴碎片構成的尾巴。

這些冰碴產生的原因不難理解：在彗星朝太陽飛去的過程中，逐漸接近了太陽，彗星冰核表面的溫度開始增加，就會受熱爆裂成小冰碴。這些小冰碴產生後，漸漸和冰核母體分離，變成冰核伴飛體，在日光反射下，形成了一條彗星的尾巴。如果彗星的軌跡和地球的軌道相交，有些冰碴就被留在地球繞日的軌道上了。

大家應該能想到了，這些彗星留下的冰碴，會在地球經過時與地球的大氣層相撞，由於摩擦會產生巨大的熱量，就會發出光，看起來就成了流星。因為這些冰碴很小，所以很快就燒沒了，造成流星存在的時間很短，只有幾秒鐘的時間。

所以總結起來，很多流星都是彗星「生」出來的。當彗星製造出的冰碴留在地球繞日軌道上特別多的時候，就會變成流星雨。實際上，流星雨就是一個個冰碴「燃燒殆盡」的景象。

而隕石又和它們不一樣了。隕石如果進入地球大氣後，一般會隕落到地球表面上，砸一個坑出來。從原理上來講，如果彗星留在地球軌道上的冰碴足夠大，撞到地球時，大氣層無法在下墜過程中將它「融化」燒光，我們也可以稱之為隕石。當然，隕石不僅僅來自彗星，更可能是起源於小行星帶的小行星。

流星的「星座」是怎麼回事？

生辰星座這件事，可能很多年輕人都沒有搞明白。我們會根據生日，來判斷自己的星座。比如 3 月 21 日至 4 月 19 日是白羊座，6 月 22 日至 7 月 22 日是巨蟹座等等。但是，這流星雨怎麼也和星座發生關係了呢？比如獵戶座流星雨、天龍座流星雨等，這些流星雨到底是怎麼回事？其實，生辰和星座的關係是迷信，而流星雨和星座的關係是科學。

這些道理，說簡單也簡單，說複雜也複雜。宇宙中有很多星座，我們也根據它們的形狀給它們取了名字，黃道十二星座僅是其中的 12 個。我們給生辰星座定義的方式，其實大家很好理解。比如 6 月

22 日至 7 月 22 日的時候，在白天，如果沒有燦爛太陽的耀眼光芒作祟，我們是可以看得到巨蟹座的，因而從地球望過去，這個時段就屬於巨蟹座出現在星空的時段。但實際上，在大白天從地球上是看不到這個星座的，要等到 6 個月後，這個巨蟹星座轉到地球的夜空時間段，才能從地表看見。

流星雨只能在地球夜空中觀測。在夜空中看到的星座，恰好是那個月份命名的生辰星座，再加 6 個月以後的星座。因此，3 月份的夜晚，我們能看到的是獅子座，此時那些與大氣層摩擦發光的冰碴，就被稱為獅子座的流星雨啦❶！

最後，再簡單提一句：其實黃道十二星座，沒什麼具體的科學定義。當初，阿拉伯人和希臘人等以地球與太陽連線的射線做為參考。白天連線所到的地方，能牽連到的星座，就是當月的生辰星座。

所以，流星雨在某星座出現，是天文科學。但生辰星座，屬占星術地盤，我們只要知道它的來龍去脈，把它當做一件好玩兒的事，就可以了。

---

❶ 現代生辰星座歸屬的月份，和該星座在黃道上實際出現的月份有差距，有興趣的朋友，可自行研究。

32. 地球如何不挨撞？

宇宙浩瀚無比，有恆星、行星、小行星、彗星等。當然，也經常會有隕石撞擊行星的情況，地球也不例外。我們已經在地球生存了很多年，但似乎沒有再經歷過「隕石風暴」。那麼，地球究竟會不會被宇宙中的隕石「攻擊」呢？

其實宇宙中隕石亂飛的情況確實存在，只不過比較少見。地球會不會遇到呢？要我說，如果地球再過個一億年，肯定會有機率受到很大威力的隕石撞擊。到時候會怎麼樣？其實我們可以參考之前地球遭遇的隕石撞擊事件進行討論。

我們經歷過多大威力的隕石撞擊？

從二十世紀開始，我們經歷過兩次比較大的隕石碰撞，我們管它叫「超級火流星」。第一次是 1908 年的通古斯隕石，第二次離今日比較近，是 2013 年的車里亞賓斯克隕石。

通古斯的隕石，讓 2,000 多公里的森林全部被「推平」，所有的樹木全都倒下。大概過了二、三十年，研究團隊才有機會進去調查，但並沒有發現隕石坑。這就說明了其實這個隕石並不大，它在通過大氣層的時候，可能就被「燒」得差不多了。所以它沒落地，而造成的效果，大概就像是一個核彈在空中爆炸一樣。

相較之下，在車里亞賓斯克落下隕石的時候，人類就沒那麼走

圖 32–1 通古斯 2,000 多公里的森林全部被在空中爆炸的隕石「推平」。

運了。當時，隕石在大氣層燃燒後爆炸，飛出了許多碎片，形成了「隕石雨」。當地許多建築的窗戶都碎掉了，並且有 1,200 多人受傷（包括燒傷或是劃傷）。

近代的這兩次隕石撞擊均未造成嚴重影響，因為撞擊體比較小。但是 6,500 萬年以前，墨西哥猶加敦半島的隕石就大多了，當時砸

圖 32–2 墨西哥猶加敦半島的隕石坑 (Credit: National Geographic)

下來後出現的隕石坑，差不多是個橢圓形，直徑約有 180 公里！

就頻率來看，地球被隕石撞擊的可能性還是很高。所以 NASA 成立了一間行星防衛協調辦公室，用來追蹤兩萬多個小天體，特別是軌道可能和地球交匯的那類。

什麼樣的小天體可能和地球相撞？

一般來講，小天體主要的組成部分還是「鐵、鈷、鎳」等金屬，當然也有些彗星是由冰組成的。在「小行星帶」有許多小行星，它們被木星的重力潮「揉」碎，不能匯聚成大的行星。這些「小隕石」可能會受到土星、木星的引力影響，改變軌道方向，一旦它們朝著太陽的方向飛行，就有可能和地球的軌道交叉，甚至相撞。

如此一來，我們也就知道，其實木星、土星等星球，在一定程度上提供地球保護，因為它們可以抵擋一部分來自外太空的隕石（包

圖 32-3 木星、土星可保護地球。(Credit: NASA)

括將隕石吸到星球上，或是藉由引力改變了本身會與地球軌道交叉的天體行進方向）。當然了，它們也可能對地球造成一些不好的影響，即因為它們的引力，使得隕石改變軌道，撞向地球。但發生這類情況的機率，微乎其微。

我們可能遭遇的「撞擊」分為兩種，一是小行星撞擊，二是彗星撞擊。小行星主要由密度較高的物質組成。彗星的主成分則是冰，晚上觀測的時候，可能會看到它拖著長長的尾巴，那是水蒸氣或者冰碴反射陽光的結果。

對於小行星而言，由於小行星帶離地球較近，我們可以「監視」得比較清楚，但對彗星的「監視」就有些不容易了。這是因為彗星的起源地距離地球比較遠，一旦地球和初次來訪的彗星位於太陽兩側，由於太陽光線照射方向的原因，我們不能清晰的看到彗星行進路線，等到發現它的時候，可能就有些遲了！

不過，無論發現得是否及時，聰明的人類已經想好了針對「即將撞向地球的天體」的解決方案！

如何保護地球？

我們知道地球公轉的速度，加上計算小天體移動的速度、和地球的相對位置，就可以知道它們是否會「撞向地球」了。

對於發現比較早的小天體，我們可以採用「減慢」它行進速度的方式。我們利用科技，通過大概二、三十年的時間，讓它到達地球的時間減少 7、8 分鐘就足夠了。因為地球的公轉速度是每秒 30

公里，7 分鐘的時間，地球運動的距離剛好等於地球的直徑，足夠我們躲避即將撞上地球的小天體了！

如果小天體朝地球運行的方向，我們不好「監視」，那就有些麻煩了。因為當我們發現它的時候，可能已經來不及「做出動作」。不過，第一種方法仍然可以嘗試。此外我們也有第二種處理方法，即炸掉小行星！但是這比較危險，如果爆炸後的碎片「蹦」進地球，其實也很麻煩。小於 35 公尺的隕石會在大氣中被燒盡，但超過 35 公尺的依然會衝破大氣，撞向地球。相較而言，第一種方式是最穩妥的！

圖 32－4 朝地球方向運行的小天體示意圖。(Credit: NASA Simulation/asteroid 2016 NF23)

過去，地球經歷了 6,500 萬年前一次毀滅性的隕石打擊（白堊紀到第三紀），導致物種滅絕。下一次能夠導致物種滅絕的隕石撞擊，不知道是什麼時候。但物種滅絕，意味著食物鏈頂端物種的消失，對於現在的地球而言，食物鏈頂端的物種——就是人類。以目前人類的科技發展水準來看，如果提早 30 年發現可能向地球方向飛來的天體，我們就可以通過減速的方式，躲避這種災難。所以說，人類發展太空科技，也是因為它可以拯救人類。我們成為了地球有史以來，第一批有能力避免由於天體碰撞被滅絕的物種啦！

33. 如果人類接收到了外星人的訊號會怎樣？

大家知道「中國天眼」嗎？它是一個500米口徑的球面電波望遠鏡。是世界最大、最靈敏的單口徑電波望遠鏡，綜合性能是著名的阿雷西博電波望遠鏡的10倍。

電波望遠鏡可以接收外太空信號，那麼，它能否接收到「外星人」的訊號？如果收到，我們又該怎麼辦呢？

中國天眼，實際上是一個特別大的電波望遠鏡，用來觀測宇宙的天體，如脈衝星、星際間微波環境、中性氫原子在螺旋星系漩渦臂的光譜，以及接觸外星星球訊號等等。有關電波望遠鏡拍攝黑洞的原理，大家可以翻回第三篇查看。下面，我們就來看看中國天眼這個「大傢伙」是如何工作的。

中國天眼「看」的是什麼？

中國天眼的主要功能，就是接收來自太空的電磁波。一般來說，它接收的都是10公分至4公尺的無線電波。當然，它也具備向太空發送電波訊號的能力，但是這項功能就不太常用了。面對浩瀚的宇宙，我們發出去的微弱電波，基本上是沒辦法收到「回訊」的。

宇宙中傳播的無線電波波長，長短不等，由極短的伽馬射線、X光、紫外線，到可見光、紅外線、微波和最長的無線電波等。人

圖 33–1 中國天眼。(Credit: Wikipedia)

類使用不同波長的電波，來觀察宇宙中各類物理現象。一般說來，宇宙中無線電波的波長愈短，它可以提供給我們的資訊就愈「細」。舉個例子，波長較長的無線電波，就像我們看人的一條胳膊，只能看一個大概；而波長較短的無線電波，就相當於我們可以看胳膊上的汗毛、筋。

做為目前世界上最大口徑的電波望遠鏡，中國天眼發現了 59 顆優質的脈衝星候選體。相較於之前最大的電波望遠鏡阿雷西博（直徑 300 米），它的綜合性能更加優秀。

天眼電波望遠鏡的優越性

天眼電波望遠鏡的接收面積舉世無雙，所以它能收到宇宙更遙遠距離傳來的、最微弱的無線電波，比阿雷西博靈敏度高出 3 倍，可謂全球第一。又因它精巧的二十一世紀科技設計，它的機械零件比阿雷西博靈敏 10 倍，掃描宇宙空間的速度更快是天眼的亮點。還有，它所覆蓋的宇宙掃描空間也比阿雷西博大 2 至 3 倍。

和外太空文明世界接觸，使用無線電波是可行的媒介。在宇宙中最暢通無阻的無線電波有兩個波長：18 公分和 21 公分，皆在天眼的覆蓋範圍之內。因為天眼的掃描速度快，它可以把目前和外太空文明世界接觸的既定星系目標，由 1,000 個增加到 5,000 個，能大幅度增加人類發現外太空文明世界的機率。

發現「外星人」訊號怎麼辦？

其實，我們在 1974 年的時候，經由阿雷西博電波望遠鏡，瞄準 24,000 光年外的武仙星座，向宇宙發送出去了一組信號，算是「人類文明的密碼」。到目前為止，我們並沒有收到任何回信。

當然，這並不代表未來我們一定不會收到「外星人」的訊號。

如果我們很久很久以後收到了「外星人」的訊號，馬上可以通過無線電波進行解讀，確定他們的方位和與我們的距離。

如果他們離我們 50 萬光年，那基本就可以不用管了。人類可能幾萬年，甚至幾十萬年，都達不到能夠在宇宙中旅行 50 萬光年的科技水準，當然，我們倒是可以通過分析他們傳來的訊號，進行學習。畢竟人家的文明可能比我們先進，或是水準差不多，但方向不一樣，我們可以互通有無。

最讓大家擔心的，也許是他們的文明遠超我們的文明，他們知道很多「我們不知道我們不知道」的東西。比如，我們覺得光速已

數字 最上面白色的一行是以二進制表示的數字，由左至右，分別代表1～10。

1	2	3	4	5	6	7	8	9	10
0	0	0	1	1	1	1	00	00	00
0	1	1	0	0	1	1	00	00	10
1	0	1	0	1	0	1	01	11	01
*	*	*	*	*	*	*	*	*	*

DNA 淺紫色是代表人類DNA所包含的5種化學元素，以原子序數字來表示，由左至右分別為氫(1)、碳(6)、氮(7)、氧(8)和磷(15)。

H	C	N	O	P
1	6	7	8	15
0	0	0	1	1
0	1	1	0	1
0	1	1	0	1
1	0	1	0	1

核苷酸 綠色編碼代表人類DNA的基本結構，從上往下可分為4行。第1、3行從左到右各分為4個區塊，每個區塊代表DNA的三種組成部分之一：脫氧核糖和鹼基；第2、4行從左到右僅包括兩個區塊，均代表DNA的另一種組成部分：磷酸鹽。所有的區塊都由5個數字組成，依序代表了上一段中5種化學元素的原子個數。同時，第1、3行中的鹼基還體現了鹼基配對規則。

雙螺旋 藍色雙螺旋代表人類DNA的雙螺旋形狀，中間的白條代表核苷酸的數量。

人類資料 中間紅色的人代表男人的形態，左邊的圖案代表男人的平均身高(1,764 mm)為14倍本訊息的波長(126 mm)。右邊的白色圖案代表1974年全球的人口(4,292,853,750)。

星球 黃色部分代表太陽系各個星球，最左邊最大的圖案代表太陽，然後是九大行星（八大行星和當時也被計為大行星的冥王星），其中第三位的地球被升高了一格，代表該訊息是從地球發出，同時靠近人類形態圖案表示人類生存於地球上。

望遠鏡 最後的淺紫色圖案代表其阿雷西博電波望遠鏡，上方為鏡面形狀和訊號反射示意圖。下面指示出其口徑(306.18公尺)為2,430倍本訊息的波長。

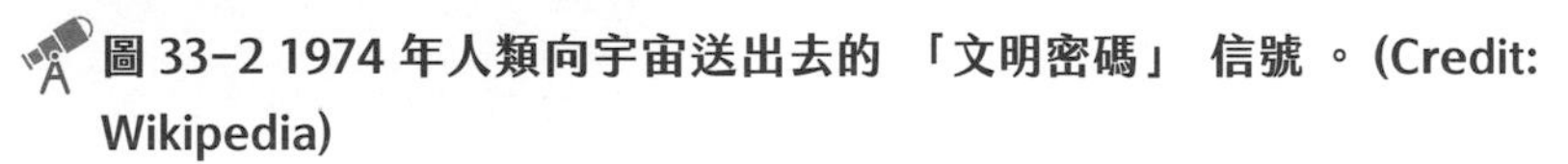

圖 33-2 1974 年人類向宇宙送出去的「文明密碼」信號。(Credit: Wikipedia)

經是速度的極限了，而他們的科技可能早就對光速有不同的理解也不一定。

大家或許想問：如果外星人真的有這麼強大的科技，他們會不會選擇毀滅地球，或者占領地球？

這個問題值得解釋——

在我看來，任何有文明的星球，文明的發展都會受到那個特有星球文明模式的限制。比如，人類歷史上發生過許多次大規模的戰爭，就是因為我們的文明模式是建築在「殺盡非我族類」的基因缺陷上，而這會導致科技大幅度退步。

如果宇宙中存在一個星球，文明的先進程度已經高到我們無法想像，他們必然是一個以和諧、友愛、和平為文明基礎模式的星球，是永久都不會發生戰爭殺戮的那種文明。所以，他們的來訪應該會帶來和平的文明交流，我們自然也就沒必要怕「外星人毀滅地球」啦！

當然，人類以智慧做出的邏輯分析固然美麗可取，一旦真的有一天接到了外星人到訪的無線電波訊號，我們還是得小心謹慎處理為上策。

34. 太空人的窩

人類探索神祕宇宙的步伐從未停下。目前，宇宙中有多個「太空站」，太空人會在太空站中進行實驗。但他們的生活狀況為何？和地球有何區別？

太空人的生活並不神祕，但以常人眼光來看，可能會覺得別有樂趣。畢竟在太空環境下，沒有地球重力，許多事情都變得「難以想像」。

擁擠的太空艙，是太空人賴以維生的窩，任何資源都不容浪費

由於太空站的使命，是讓人類可以長期在那裡進行科學研究。太空站一旦進入宇宙，就不能再回到地球了，所以太空站中擁有所有生活起居需要的東西。人類送到太空的第一個太空站，是前蘇聯 1971 年的禮炮 1 號，在同年這個太空站被燒毀前，就已經足以承擔太空人生活 23 天的重任。

大家可以想像一下，太空中沒有重力，人類的排泄物可能會「亂飛」。這肯定是不能接受的，所以太空站中有一種設備，它會產生一些氣流，讓人類排出來的大小便朝一個固定方向流動抽除。這項設施，其實充當了地球重力的作用。整套設備在太空博物館中就有（在太空博物館中，你還可以瞭解許多失去重力後的生活方式）。

當然，太空人排出的大小便並不是直接「丟棄」到太空！像水資源，它在太空中十分寶貴，所以人們的尿液都會經過處理後再次飲用，糞便中的水分，也要經過處理完全提取出來，然後讓它變成一坨硬硬的東西，包裝好存放起來。至於糞便的後續處理，它可能應用於很多地方。比如糞便裡有細菌，就可能用於培養火星的土壤，或是帶回地球繼續做研究。

氣壓是否不同？人還會不會排氣？

其實排氣放屁是人的生理功能，在太空站中，人的所有生理功能都不會變差。至於是否排氣，必須要看太空人吃了什麼東西，這跟自身腸胃功能有關，與太空的環境關聯不大。

太空人在太空中不是很「喜歡」吃東西，因為吃多就會上很多次廁所。但在太空中，上廁所的位置很小、很麻煩，所以大家吃的都很少。

太空人怎樣才有氧氣呼吸？

最初，太空艙內、太空人的太空衣都是「純氧」的，最主要的原因是不想裝太多的氮氣，因為它太「重」了。

然而使用純氧的太空艙後，我們遇到了一個問題：大家都知道第一個到太空的太空人是加加林，但實際上他並非選定的第一人。之前，在做地面測試的時候太空艙突然著火，由於純氧易燃，當時的太空人直接在裡面發生了意外。

而後美國也有 3 名太空人由於電線短路，被燒死在純氧的太空艙中。於是我們決定改善氣體結構，讓它的組成成分與地球一樣。所以，像和平號、國際太空站、太空梭、神舟和天宮號上的空氣，都和地球的大氣一樣。

不過，太空人有時候要到太空站外工作，這時他們出艙服內的氣體必須是純氧，這樣氣壓相對會比較小，可以讓他們胳膊和腿部的關節自由彎曲。所幸目前為止，太空人穿純氧出艙服出艙近 400 餘次，尚未發生意外傷亡事故。

讓太空人在太空生活，沒有重力，身體生理機能處於高度失水狀態，吃喝拉撒也比較困難，我們當然要想辦法讓他們的呼吸儘量順暢啦！所以才為他們提供和地球一樣的家鄉氣體條件。

太空人能被陽光照射嗎？

在太空站中，每 45 分鐘，就會經歷日出、日落，在地球上則是 12 小時。但太空人睡覺的時間還是正常的，比如你想加班，那就睡 4、5 個小時，不加班就睡 8 小時。

有人會擔心，太空人在太空站中，是一個昏暗的環境，只有燈光。沒有太陽的照射，人體內會不會缺乏一些營養物質，從而影響身體健康？其實，我們需要陽光照射，是由於太陽光照射皮膚後，人體內會產生維他命 D，它可以幫助身體吸收食物中的鈣。

所以，在太空中，太空人都會帶著維他命 D 片，這個問題也就不存在了。當然，太陽光是一個讓太空人生活環境舒適的必備條件。好在太陽每 45 分鐘就升起、落下，問題不大。

太空人會基因突變嗎？

說到這個問題，就不得不提及之前的一則新聞了：有報導稱太空人在太空待了 340 天，回到地球以後，發生基因突變，和他的同卵雙胞胎兄弟有了不同，為什麼會這樣呢？

實際上，這兩名太空人在 NASA 非常有名，史考特．凱利和馬克．凱利是一對同卵雙胞胎兄弟，NASA 對他們進行了實驗。讓史考特到太空中去，而馬克留在地球，觀察他們的基因表現。據新聞報導，史考特在太空中發生了 5% 的基因功能變化。從事實來看，並非史考特的基因發生了突變，而是基因的「打開閉合方式」出現了變化。

我們都知道，基因是有功能性的 DNA 片段，DNA 是一個雙股螺旋結構，它會不定時的打開、閉合，並在打開的過程中，在細胞核中複製單股 mRNA，而 mRNA 脫離細胞核進入細胞質後，開始指揮身體製造所需的蛋白質組織，如頭髮、指甲、腸壁、紅白血球和荷爾蒙等等。人類在地球的環境下生存，DNA 就會有適應地球重力環境的打開、閉合方式。同樣，在太空中，它會適應太空無重力環境，產生一定程度的變化，史考特的變化也是因此而來。

其實在太空生活，還有許多要注意的事情。比如，生活久了，你每天要做 4 小時的衝擊運動，讓自己的骨骼受到衝擊力。在地球上，我們走路、跑步，膝蓋都會受到衝擊。但在太空中，不會有這樣的「衝擊」，因此，骨細胞會偷懶減產，人體就會主動降低骨骼的強度，等他回到地球的重力場，再進行走路、跑步等活動，就很有可能受傷！

還有，在沒有重力場的情況下，人體只能容納在地面情況下95% 的水分，其實是處於極度缺水的狀態。體液一減少，體內紅血球、白血球又開始偷懶，產量會相對減少，人就會貧血，對細菌的抵抗力也會降低。諸如此類，都是太空人可能遇到的問題。

太空實驗不易，人類太空科學的進步，必須要這些英雄們為我們做出貢獻。如此，太空科學才能一步步發展起來。

最後，讓我們向太空人致敬！

35. 你願意到太空生活一個月嗎？

2019年6月，NASA宣布將在2020年開放國際太空站「旅遊」，票價為5,800萬美元。這是一項商業化的舉動，讓大眾可以體驗在太空中的感覺。不過，太空站對遊客開放，會不會出現什麼問題？

遨遊太空對於普通人來說，應該是非常神奇的體驗。在我看來，國際太空站對民眾開放沒有什麼不好，這可以讓一些人瞭解太空，也可以從一定程度上減輕國際太空站的經費壓力。

大夥可能覺得5,800萬美元的票價，以及每日約4萬多美元的日常花費有些昂貴，不過即便是這樣，我想依舊會有大批人排著隊想要到太空去走一走。下面，我就跟大家聊聊有關國際太空站的事。

國際太空站很「貴」

國際太空站的「旅行」費用昂貴，這其實合乎情理。太空站是有一定壽命的，那裡距離地面400至450公里，會受到強烈紫外線的照射，並且，太空環境高度真空，帶電粒子橫飛，高速小隕石亂竄，都會對太空站造成傷害。但在太空最厲害的，還有一種地面不存在的氣體，那就是「原子氧」，它腐蝕性特強，對太空站壽命衝擊最大，防不勝防。

我們所熟知的氧氣，由兩個氧原子組成，英文縮寫是O_2。在離地球200至700公里範圍內，因紫外線的能量，硬把兩個氧原子拆開，就形成了只有一個原子的氧 O。這種原子氧的腐蝕性非常強，尤其對聚合材料和積體電路鍍銀膜的攻擊，不遺餘力，導致太空站大面積腐蝕剝落，所以，太空站的一些艙外材料，需要不斷的更換。

圖 35-1 國際太空站。(Credit: NASA/JSC)

那麼，維護的費用有多高？我大概計算了一下，每年至少要 50 億美元。大家再來對比一下，和一位旅客 5,800 萬美元比起來，維護太空站的費用，才是「天價」吧！

當然，5,800 萬美元僅僅是上太空站的機票價，額外的雜費很多，包括「呼吸」的空氣費、「上廁所」的洗手費和「吃飯」的餐飲費等等。在太空站，一舉一動都要付費。比如，每天食宿費用 35,000 美元，上一次廁所的費用是 11,250 美元，WiFi 也要額外算……，太空站這個五星級酒店，沒有免費熱情待客的規格。

什麼人都能去太空旅行嗎？

我們總說：錢不是萬能的，太空人都要經過嚴格的篩選。那麼，你是否有疑問：「去太空旅行的人，對身體體質有什麼要求嗎？」

這一點可能就和大家想的不太一樣了，其實，大多數正常人的體質都可以進行太空旅行。在國際太空站，你所感受到的不同，可能僅僅是失重。

國際太空站的位置雖然在太空，但它仍在地球磁場的保護下，外太空來的射線、太陽風的高能粒子不會對其造成嚴重的傷害。所以，如果你可以適應並克服失重帶來的困擾，就可以考慮去太空「旅行」啦！

但是你也要「遵守遊戲規則」，畢竟，到了太空站可能會有一些約束，不能按照自己的意願隨意行動。

當然最重要的是，你要有足夠的資金！

「太空旅行」前景如何？

其實，我覺得太空旅行這種商業行為是有意義的。畢竟科研也要經費，目前，這筆經費皆由國際太空站參與國承擔，每年的支出有點沉重。如果太空站可以做旅遊生意賺錢，那將會有一定程度的緩解。

這樣一來，既能讓一些對太空感興趣的群眾上去體驗，又可以通過太空旅遊的收入，補貼納稅人支付的太空科學研究，也算是兩全其美的事。

當然，我想這個商業行為，也許最好先以進行 5 年的時間為目標。雖然能支付 5,800 萬美元的人不少，但是 5 年下來，這件事是否可行，商業模式是否成熟，就是評判它能否繼續下去的標準。

此外，參與的人，可能也不僅限於到太空站「旅遊」，很多人想去月球，甚至到火星走一遭。雖然我不知道這樣的想法是否行得通，但是從理論上，到月球旅行是可以的，不過火星也許就不大可能。到愈遠的地方，發生危險的可能性也就愈大。只要發生一次「太空難」，「太空旅行」這個項目就可能叫停。

太空旅行，的確能讓參與人見聞上大幅的提升，但這類旅行者也肯定是富有者，不是一般打工賺錢的你和我，能負擔得起的！

36. 為什麼人類的基因沒有某些植物多？

人類與其他生命的不同之處，在於擁有語言系統，自然界中，人類可以說是擁有智慧的複雜物種。但是，人類的基因種類卻非常少，這也成為了目前科學界研究的一個重點難題。

據 2018 年的資料，人類身體內的基因數量大概是在 19,900 至 21,300 之間。基因的類型包含兩種：內含子 (Intron) 和外顯子 (Exon)。顧名思義，內含子即是基因系列中沒有表現出來而在體內隱藏起來的那類，而外顯子則是最後通過胺基酸和蛋白質表現在外部的基因系列部分。

可以說，人類實際可用基因的數目真的很少。根據我們的調查，一種叫做擬南芥（阿拉伯芥）的植物，僅有 5 對染色體，卻有 25,000 多個有用的基因。還有一種腔腸動物，線蟲，僅有 6 對染色體，也有 20,000 多個可用基因。

那麼，人類這種擁有高等智慧的動物，為什麼可用基因的數量這麼少呢？

基因——有遺傳信息的 DNA 片段

人的生命資訊在基因上，基因是有遺傳信息的 DNA 片段。DNA 是一種雙螺旋結構，原因是這種形態比較堅固、穩定，占的空間較小，且打開閉合更加方便。

DNA 是由鹼基組成的，鹼基就好比電腦的位元。電腦的位元是 0 和 1，而人體是數位式生命系統，有 4 個位元，即 A、T、G 和 C 鹼基。目前，我們已經知道人體內有 23 對雙螺旋結構的染色體，雙螺旋每邊大概有 30 億個獨立鹼基。我由父母親各繼承一套雙螺旋染色體，所以人體內共約有 30×2×2＝120 億個鹼基。

鹼基有 4 種，A（腺嘌呤）、G（鳥嘌呤）、C（胞嘧啶）、T（胸腺嘧啶）。U（尿嘧啶）只在 DNA 中的 A 轉錄到 RNA 時才出現，是 T 的輕微變化版。地球上已知生物的 DNA 和 RNA 都是由這 4 種基本鹼基組成的。

人體內，鹼基的用處主要就是用來製作蛋白質，通過排列組合成為某特定胺基酸的密碼子，許多胺基酸最終依密碼子出現的次序結合成蛋白質 。 人體內最複雜的蛋白質可能約由 3 萬個胺基酸組成。

基因——製造蛋白質

人類是蛋白質生命，基因製造蛋白質的過程不能停，一旦蛋白質停止合成，人的生命就到盡頭了。所以在這裡，我們可以先簡單回憶一下高中課本的知識——基因如何製造蛋白質。

我們都知道，DNA 是雙螺旋結構，且不斷重複著打開、閉合的過程。蛋白質的製造過程中，DNA 在某種特殊聚合酶的催化下，會打開雙螺旋，複製出單股的 RNA。這個過程中，DNA 的 A、G、C、T 與 RNA 的 U、C、G、A 相互對應。

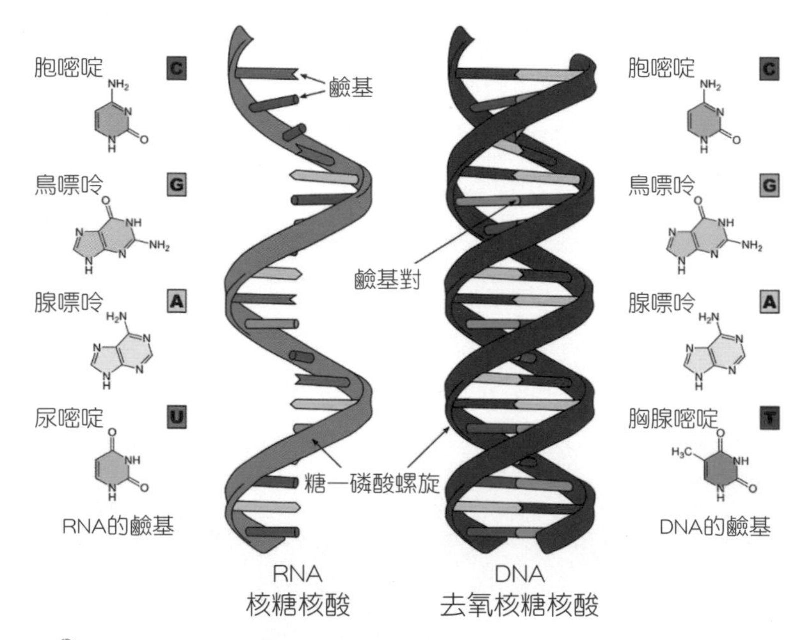

圖 36-1 DNA 和 RNA 結構示意圖。(Credit: Wikipedia/DNA)

由此複製出來的 RNA，因為其中帶有許多的「內含子」，其實是一種「草稿版」的 RNA。對於我們的身體來說，內含子片段表面上好像就是垃圾訊息，但實際作用，我們尚未完全理解。為了處理這份草稿版 RNA，我們身體的蛋白質「酶」就出來工作了。我們身體中有很多酶，酶的本質也是一種蛋白質。草稿版 RNA 要被剪接酶處理，去掉其中沒用的內含子，製造出 mRNA，之後和 tRNA、rRNA 一起從細胞核運送到細胞質內，去製造特定的蛋白質。

基因和蛋白質是對應關係嗎？

我們最開始認為，一個基因對應一個蛋白質。但剛剛我們說到，人體內有 2 萬個左右的基因 ， 而人體所需要的蛋白質大概有 10 萬種，如果按 1 比 1 來講，這些基因製造出來的蛋白質種類數量，肯定是不夠用的。

所以，我們的身體有「獨特的製造蛋白質的技巧」。以圖 36–2 舉例，基因上有 1 至 5 個外顯子片段。其餘的是內含子。剪接酶在處理的時候，除了先把所有的內含子全剪掉外，第一次可留下所有的 5 個外顯子。第二次只剪掉第 3 個外顯子，留 1、2、4 和 5。第三次只剪掉第 4 個外顯子，留 1、2、3 和 5。如此，每次製造出來的蛋白質就不同了，這種方式叫做「替代拼接」。

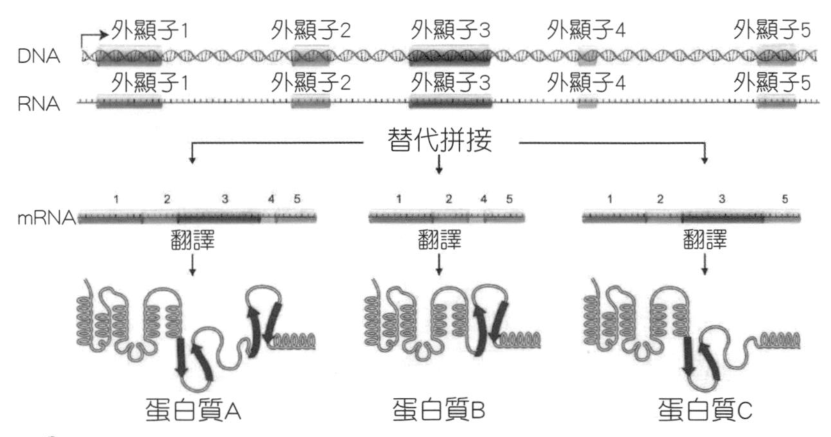

圖 36–2 RNA 不同的 「替代拼接」 處理 (Credit: Public Domain/Alternative splicing/FedGov/USA)

就好像生產餅乾的工廠，餅乾基本材料都是麵粉，但有的需要鹽，有的需要糖，有些可以加點奶油。相同麵粉做為主材料，稍加變化，就可以生產出不同口味的餅乾。用這樣的方式，「剪刀」可以有多種操作，讓人類用很少的基因，製造出多種蛋白質。科學家們最近發現，有一種單一基因可以利用「替代拼接」的方式，製造出38,016 種不同種類的蛋白質，堪稱為紀錄之冠！

人體內有 20,000 個左右的基因 ，其中有 95% 基因製造出的蛋白質都是替代拼接產物。人體的基因雖然少，但是通過替代拼接，就可以製造很多不同種類的蛋白質。目前，「替代拼接」仍然是個很活躍的研究領域。

我在 2005 年和陽明大學簡靜香教授共同寫了《生命的起始點》一書。當時「替代拼接」的研究尚在起步階段，到了今天，這方面的科技認知在不斷進步，「為什麼人類基因很少」這一問題，也可能漸漸得到較清晰明確的解答了。

37. 人類壽命的極限在哪裡？

俗話說，人固有一死。現代科技迅速發展，尤其是醫療領域，近百年來發生了翻天覆地的變化，人類在努力的「活下去」。致力於延長人類壽命的同時，近代科學家們也在研究人類壽命的極限，那麼，人的年齡極限究竟在哪兒呢？

人類在追求「長生」的路上從未停止腳步，對於人類壽命的研究也一直在進行。目前為止，金氏世界紀錄最長壽者是一位法國女性，活到 122 歲；而男性中，則是一位日本男人活到了 116 歲。在歷史的紀錄中，真偽無法判別，但流傳甚廣的是中國清朝曾有一位名為李清雲的老者，據說活到了 256 歲！

圖 37-1 李清雲 250 歲大壽。

現代科學對於人類壽命的極限研究，共分為三種，其極限壽命的數字也各有不同，下面我就為大家一一分析。

根據細胞定義壽命長短

人體內有無數細胞，細胞活不下去，人的生命也就停止了。眾所周知，細胞會不斷進行有絲分裂，在分裂的過程中，細胞其實是會有所消耗的。

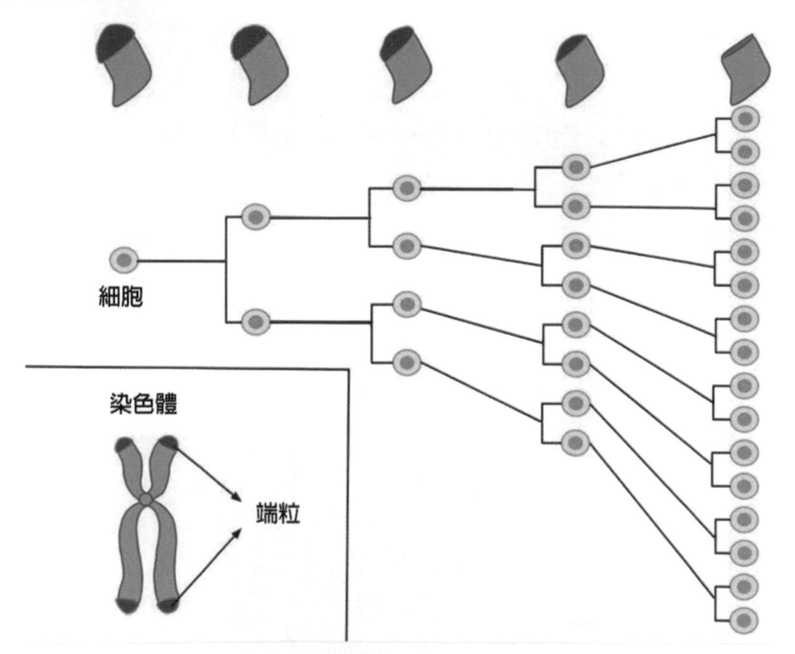

圖 37-2 染色體上端粒縮減。(Credit: Wikipedia/Wikimedia Commons/Telomere)

圖 37–2 是細胞分裂的示意圖，可以看到，染色體上面有一塊紅色部分，叫做「端粒」，在細胞不斷分裂的過程中，端粒會逐漸變短，而當端粒縮減到沒有時，細胞的生命也到了盡頭，不能再分裂了。

那麼，一個細胞能分裂多少次呢？根據科學家的觀察，人體內細胞的平均分裂次數在 45 次以上，46 次以下。根據人體細胞的分裂次數來定義人類的壽命，似乎非常合理，好像「追溯到了本源」。並且，如此計算出的人類壽命極限在 120 歲左右，也與目前的金氏世界紀錄相匹配。

根據「熵」來計算壽命長短

熵出現在熱力學第二定律之中，表示一種 「混亂度」。就比如說，你每天到書房看不同的書，過個 3 天，你的書房變得混亂，熵值就會增加。這時候你必須消耗能量來整理書房降低熵值。

宇宙中存在著一個熵值，而人體中也存在著熵值。

每個人都有身高和體重，對於人來說，身體中肌肉的重量除以身高，其實就表示你的健康程度，也可以代表身體的熵值。要注意的是，這裡說的並非體重，而是肌肉的重量，是去掉「肥肉」的。一般而言，身體的熵值愈高愈健康。

二十一世紀的最新研究資料表明，現代人在 35 歲時這一比值最高，也就是人最健康的時候。35 歲過後，隨著年齡的增長，這一比值會不斷下降。最終，科學家發現，通過此種和生命力有關的熵值計算，人的生命極限超過 100 歲，但不超過 160 歲。

根據死亡率來計算壽命長短

在講述這一人類壽命極限計算方法前，我要先跟大家說明，這種方式並不被所有人認可，但其實也有一定道理。

在 1939 年，科學家們對不同年齡的死亡比例進行統計，統計結果發現，人類的死亡率隨著年齡增長會不斷增加，但到達一定的年齡後，死亡率會達到一個固定不增加的數值，而且該數值與 100% 相距甚遠。根據這個「老年死亡率減速定律」計算出最大的死亡率極限，女人僅到達 44%，男人則到達了 54%。

我們可以順著這個思路繼續思考，以女性為例，假設從 100 歲開始，死亡率從 30% 不斷增加至 44%，即便 100 歲的女性有 100 萬人，因為 30% 的死亡率在 101 歲時變成了 70 萬，死亡比例不斷增加，人數不斷減少的狀況下，其實最終也會有一個極限。也就是說，死亡率不斷逼近 44% 的過程中，並不是所有的人到最後都會過世，在統計的意義上，存在一定的機率有人達到「永生」，這個結果也太神奇了吧！

當然，這種計算方式也有一定的漏洞，這也是許多人反對它的原因。1939 年，該計算方式被提出，以美國為資料樣本進行調查研究。不過，美國有許多家庭，為了繼續領取退休金，在老人死亡後不上報，因而資料樣本可能並不準確。

但人類壽命的極限本就是理論值，目前大家同意的數值約為 145 歲。

瞭解人類壽命的極限僅是擴充知識，真正健康地活得長久，才對自己有益。想要有一個好身體，活得長久，一是心理上，要保持心態樂觀向上，二是身體上，要保證自己不攝入過多的卡路里。這篇文章我們沒談卡路里攝取和壽命的關係。其實過多卡路里攝入會對身體中的「修復基因」造成傷害，進而減低壽命。所以減低卡路里的攝入，是增長壽命一個重要因素。

願大家都健健康康！

38. 人類的記憶與自我意識

人類的記憶如何儲存，是科學界一直在研究的課題之一。接下來我們將以這個課題為楔子，探討世界尖端科學的研究項目。

人類的記憶，分為短期儲存和長期儲存。比如你今天碰到了一位穿著怪異的人，過兩天可能就把他忘了，這是短期記憶儲存；母親的形象你永遠記得，這就是長期記憶儲存。

人類的記憶儲存與調用，實際上是很高層次的問題，記憶產生的過程，人體內會進行很多動作加以配合。比如看到母親的形象，它會從視覺通過神經進入我們腦袋，繼而觸發身體內一些化學反應，然後儲存在身體內某一部分。

我們就從中學的生物知識講起，來說說「記憶」。

記憶的基礎「操作」

人的整個神經系統，包括神經元、軸突、突觸等。軸突用於連接神經元，軸突的終端是突觸，突觸與其他突觸連接，用於傳遞資訊。譬如說，一個神經元受外界刺激，經由軸突傳到了突觸。突觸辨識刺激類別後，就經由生化反應鏈，啟動了感覺神經元細胞的一系列動作，做出適當反應。

生物體每次接受到一個外界的刺激，都會做出反應。一般的反應大都是短暫的，如過眼雲煙，一下子就忘記。但有些刺激是連綿不斷的，如母親慈愛的形象，生物體——尤其是人類的大腦——最終一定要找到方法，把它儲存成長久的記憶。那麼，記憶究竟儲存在我們身體的哪個部分呢？

人腦擁有約 860 億個神經元細胞，跟銀河系中的恆星數目幾乎一樣多，但它們比恆星更加複雜。目前，根據研究，人類接收強弱不等的資訊後，會經過神經元和軸突，在突觸位置以生化分子與下位突觸表達聯繫的強弱，暫時儲存在海馬迴（體）(Hippocampus)裡。

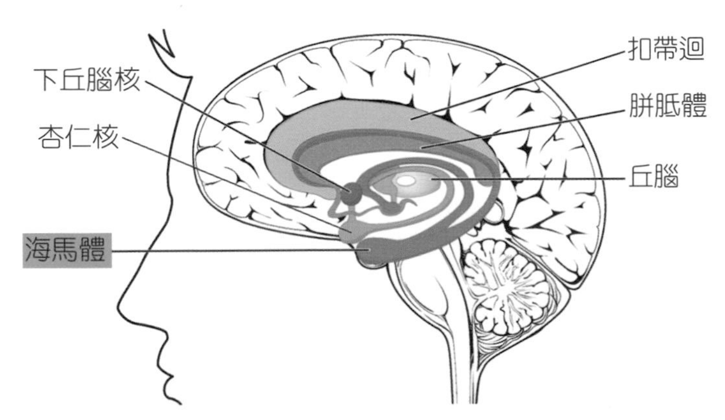

圖 38-1 人類大腦中的海馬迴（體）。(Credit: Wikipedia)

我們都知道，量變產生質變。一旦我們反覆調用海馬迴裡的記憶，海馬迴也就知道了它很重要，可能會在神經元細胞內發生變化，導致突觸位置增生額外的突觸。而這個訊息，也可能傳遞到大腦皮質，於是在海馬迴外的大腦皮質位置，就會有對應的蛋白質生成，形成一個長久的記憶體。

而這個長久記憶，是存放在我們的「大腦皮質」中。大腦皮質裡有許多細胞，很有可能這些細胞就是記憶儲存的最終單位，只不過它的分布可能比我們想像的還廣，比如一種記憶分布在成百上千甚或更多個細胞中。如果在大腦皮質上，接上許多能偵測到腦波的微電極，我們就會發現，當某一部分大腦皮質區域發亮，那可能就是那部分的記憶被調取了。

記憶以何種方式儲存？

我們吃飯，最後食物會變成某種物質儲存在人體內。但是對於「記憶」這種事情來說，它不是實物，又如何存在呢？人類體內的物質，都以蛋白質的方式存在。體內的 22 種胺基酸組合成各種各樣的蛋白質，像頭髮、指甲等都屬於蛋白質。

那麼記憶很可能也是以蛋白質的方式存在，比如我在外面看到了一場車禍，這些畫面刺激我的神經元，由軸突傳到突觸，產生了一系列生物化學反應，在海馬迴中合成了一些特殊的、短期存在的蛋白質。

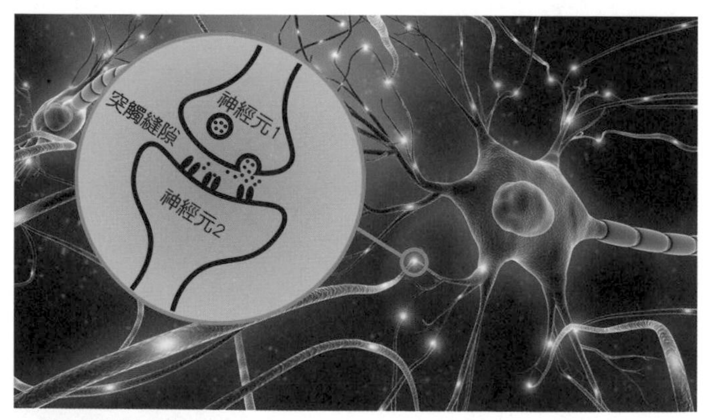

圖 38-2 突觸之間的傳播、溝通和生物化學反應。

如果這個記憶對你神經的刺激不但特別大，且非常頻繁，那麼海馬迴就會決定將其送至大腦皮層某處，以較硬化的蛋白質形式，做長時間的儲存，成為「可調用」的長期記憶。

說說人類的「哲學」

西方有一位非常著名的哲學家叫做笛卡爾，他有一個著名的理論，叫做「我思故我在」。很好理解，這是一種極為「唯心」的理論，即我心裡想到了什麼，它就一定存在。他甚至說因為上帝在他的心中存在，於是上帝一定存在。他用這個方法，試圖證明上帝的存在，竟然被西方文明全盤接受❶！

這個理論曾經在西方極為流行，畢竟直到現在，美國也是一個相信上帝的國家。無論在美元鈔票上，或是他們的人權宣言上都有所體現。

但是按照這樣的想法，人類的科學很難進步。到了十九世紀中，又一位哲學家尼采出現了，他提出了「超人」的哲學思想，以人的意志為主導，宣判了上帝死亡。因為如此激進的思想，在西方有人甚至認為希特勒就是用超人的意識概念掀起了二戰。

最簡單地說，推翻上帝的思維束縛後，人類的科學就有了長足的進步，同時進入電磁波文明，發明了很多儀器，這也對細胞、記憶的研究有了很大的促進作用。二十世紀的最後 20 年，對記憶的研

---

❶ 以現代科學思維，尋遍整個宇宙，只能做到「無法證明上帝不存在」的地步。無法證明上帝不存在，上帝就可能存在，甚至就存在。

圖 38-3 哲學家尼采。

究進展加劇，從刺激神經元的反應，到軸突、突觸之間的傳播與溝通，生物體內的化學反應，和可能主宰人體記憶的蛋白質現形，人類追尋記憶的科學研究正方興未艾。

不過，直到艾力克．肯德爾（Eric Kandel，2000 年諾貝爾生理醫學獎得主）出現，經過 20 多年的研究，用海蝸牛（亦稱海兔）進行研究（由於海蝸牛神經系統簡單，只有約兩萬個腦細胞，比人類腦細胞 860 億個少了很多），才漸漸對生物記憶的本質，展開研究。因為這些對神經記憶的科學研究，有的近代西方哲學家甚至認為，人類已經開始將笛卡爾「我思故我在」的唯心思維，修改為以物質為基礎，「我在故我思」的哲學思維。這也標誌著人類的哲學，向更加唯物的科學理論、思想上靠近。

其實，人與人之間的不同，最基礎的部分就是每個人的記憶不一樣。不同的記憶，可能左右一個人個性的形成，甚至造成這個人自我意識型態的發展。目前，科學家對人類記憶、意識的研究，正在起步階段。如果未來，可以通過對神經元、軸突和突觸方面的研究，找出人類記憶形成和儲存的位置，進而理解記憶和自我意識的關聯，那將是人類文明一大突破。

換言之，人類極可能通過對記憶科學的研究，探入對人類一直是神祕領域的意識靈魂範疇。

39. 我們為什麼要睡覺？

睡覺很重要，甚至有一些年輕人戲稱自己的愛好就是睡覺，但你可能不清楚，我們究竟為什麼要睡覺？

我們為什麼要睡覺，不要看這個問題簡單，它也是科學界現今研究中非常活躍的課題，2017 年的諾貝爾生理醫學獎就是頒發給研究這領域的科學家。很多人可能很自然的就想到了，人會累，需要休息，就要睡覺，這當然沒問題，但這其實還蘊含著更多人體需求，以及與自然的關係。

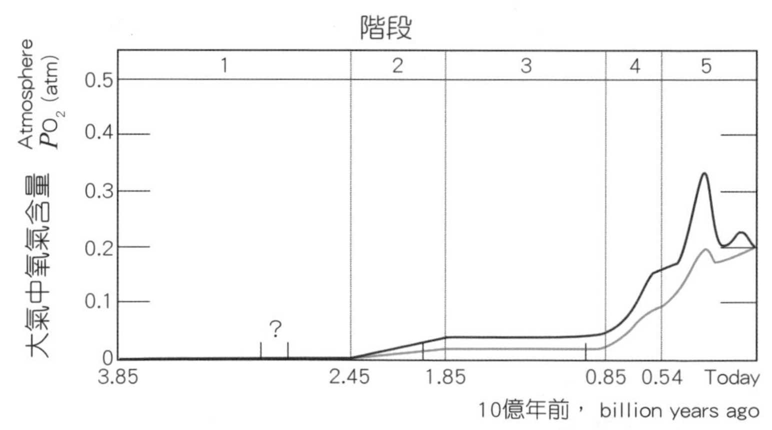

圖 39–1 地球氧氣比例變化的歷史圖。(Credit: Wikipedia)

圖 39–1 是一張地球從 38 億年前到今天，氧氣比例變化的歷史圖。我們發現了 35 億年前的藍綠菌化石，它可能就是地球行光合作用的綠色生命的祖先 (綠色生命出現的時間可能比這個日子還要早)。

為什麼要說氧氣呢？因為它對於人類身體，乃至很多生命，都有極大的影響。

氧氣對於生物的影響

氧氣對於人類的影響不言而喻，我們需要氧氣來維持生命，但不是所有生物都是這樣的。許多年前，我們地球上的大氣成分主要是二氧化碳，之後有藍綠菌這樣的生物，通過光合作用產出氧氣。氧氣被海水、岩石等吸收後，就留存在這些物質中了。

大概在 24 億年前，地表的水、岩石、海底的岩石，將氧氣吸收飽和以後，開始向空氣中釋放氧氣，於是，空氣中的氧氣含量開始不斷增加。

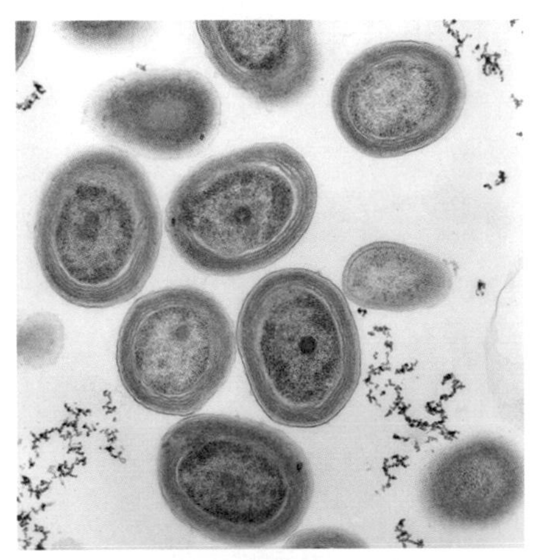

圖 39 – 2 藍綠菌。(Credit: Wikipedia/Cyanobacteria)

但是，氧氣的出現，在當時來說並不是什麼好事，因為氧氣對於很多生物而言都是「有毒」的，尤其以當時的植物來說，它們非常懼怕「氧化」。我們現今依然常見此類不需要氧氣的生物，如厭氧菌等。

但地球生物具備多樣性，氧氣出現的同時，也誕生了許多像我們這樣的生命。我們並非不懼怕氧氣，而是一邊要利用氧氣生存，一邊還要抵抗它對我們身體的侵蝕。人老了以後臉會起皺紋，就是氧化的結果，許多人選用護膚品，目的就是抗氧化。

說了這麼多，終於可以說回睡覺了！因為，睡覺就是人類抵抗氧化的方式。在睡眠的時候，人的身體會修復氧化給我們帶來的傷害。

睡覺的其他「用處」

睡覺對於人體的修復，可能比大家想像的還更多層面，它既能修復氧氣對我們的侵害，還可以修復我們基因受損的部分。在我們進入深度睡眠後，MRI 顯示人類的大腦被血液沖洗好多次。這是只有在深度睡眠時才會發生的現象。

圖 39–3 深度睡眠時，大腦被血液沖洗好多次。

並且，睡覺的過程，也可以修復我們的免疫系統。我們都知道，如果一個人的免疫系統健康，那麼它就可以發揮較好的免疫功能。一般得病的也大多是免疫力低下的人群。所以，早睡早起，對於抵抗細菌和病毒非常有效。

除去修復身體以外，睡覺還有很多奇妙的用處。大夥熟知的，就是恢復體力。睡覺也可以幫助穩定情緒。我們如果在晚上有一些激烈的情緒，通過睡眠就可以穩定下來。睡覺還可以幫我們恢復記憶，不知道大家有沒有過這樣的經歷：自己記住一個東西後有些模糊，記不清了，睡一覺起來又能記起來了，這就是睡覺幫我們恢復了記憶，就好似「沉澱」下來一樣。

除此之外，睡覺還有一個非常關鍵的作用。睡覺期間，身體會進行荷爾蒙的分泌，對於人類的繁衍是有幫助的。其實動物界演化出來的兩性繁殖，也是為了有效修補基因的損傷而來。從父母各取一半基因，大幅度降低遺傳基因損害風險。

人們應該如何睡覺？

我們先說一個常識：如果你熬夜、通宵，而後你通過睡更長時間來補覺，那也於事無補，你的身體已經受到了很大的傷害。關於這點，我們來解釋一下。人的意識和身體是分開的。很多時候，我們的精神並不願意受身體的支配，經常熬夜的人的習慣，和身體本身的習慣可能並不相同，但身體會適應人的習慣。

以睡覺這件事而言，我們首先要有黑夜和白天的概念，日出而作，日落而息。人體辨析晝夜，是通過視交叉上核。身體受它影響，到了白天就精神抖擻，到了晚上就分泌大量的褪黑激素，從而造成困倦，引導人休息。雖然視交叉上核的認知會根據環境和人的行為修改，但按照我們的身體情況早睡早起，肯定是最好的調理身體的方式。

所以要告訴大家什麼呢？睡覺是最好的抗病毒方法，但不能「亂睡」，11 點前休息、7 點起床是不錯的生物鐘！

我們從上述的內容可以發現，睡覺對人的身體有極大好處。但過猶不及，睡太多也不是好事。每個人都有惰性，體內的細胞、器官同樣也有。當你不常運動、不常思考，它們也會「鏽掉」。到時候無論你的身體機能，或是反應能力都會下降，想要調整回來就又要花上一段時間。

40. 人類能否切斷某些免疫反應？

人體的免疫力，是我們得以健康生活的重要指標，然而，它也給我們惹來了很大的麻煩。目前很多人都有「過敏」的情況，即在遇到某種物質後身體有應激反應，這大多是由於我們「免疫力亢進」導致的。所以，目前科學領域一個非常活躍的話題，就是「能否選擇性地切斷某些免疫反應呢」？

說到這個話題，我自己還是很有發言權的。我對美國東岸的 43 種花粉過敏。有一次情況特別嚴重，幾乎不能呼吸，同事直接把我送到了醫院。

現在來看，這類內容的研究愈來愈重要，因為我們的生活中，在一些場景下，需要我們的免疫系統減低回應力度，甚或暫時「迴避」，以避免身體的不良反應。

身體對於外界的「抵抗」

人體的免疫系統，通常會在以下兩種情況下產生抵抗反應，由於每個人體質不同，表現出來的抵抗力度也千變萬化。

第一種，就是我親身經歷的過敏反應。由於人體吸收了某種看來並無害處的外來物質，經由循環系統，傳到全身。但身體內的免疫細胞一看，不得了，敵軍來侵，於是對這種本來無害的物質產生非常「敏感」的反應，一定要把它們「殺死」。我們的身體也因這類體內惡鬥產生的垃圾或積水腫脹而變得虛弱，甚至發生不良反應，如起疹子、呼吸困難甚或昏厥等。其中最常見的有花粉過敏、雞蛋過敏、堅果過敏、海鮮過敏、動物皮毛過敏等等。

圖 40–1 人體過敏反應。

再者，就是發生在器官移植的過程中。當人體器官轉移到了另外一個人的體內，身體就可能會發生大規模圍剿的「排異反應」，這也是我們自身免疫系統，對於「不認識」的細胞進行消滅性攻擊，以完成確保自體安全的天賦任務。最常見的器官移植，包括眼角膜的移植，腎臟、肝臟和心臟移植等等。

如果我們能找到方法，讓身體主動關閉一些免疫反應，上述兩種情況都會得到大幅度的好轉。目前，我們使用的策略，白話說來，就是「鈍化」免疫體。專家當然有更深奧的術語，把它叫做「嵌合體策略」，以用來讓身體鈍化，甚或停止某些免疫反應。

「嵌合體策略」的三種方式

現實的情況是，人進行了器官移植之後，必須要用重藥，來防止身體的免疫細胞對該外來器官的圍剿攻擊。這類重藥，一用就得用一輩子，不能停止。但因為是「重藥」，會讓人體異常難受，嚴重降低接受器官移植患者的生活品質。

再次強調：完成器官移植後，我們通過藥物壓制身體的某種免疫細胞，然而，患者必須一直吃這種藥，一旦停下，免疫細胞就又來攻擊移植的器官，很有可能破壞移植器官，若不及時再移植，甚或讓人喪命。

為了嘗試解決這類問題，我們研究三種嵌合體策略。

第一，是嘗試改變細胞對移植器官的「敵意」。我們身體裡的免疫細胞承擔著保護身體的重任，一旦有非我族類的細胞入侵，它們就會拿起武器，攻擊「入侵者」。面對新移植的器官，也是同樣的道理。

這時候，我們可以通過改變免疫細胞的記憶，讓細胞不攻擊新移植的器官。我們之前提到，記憶可能通過某種蛋白質的方式儲存在我們身體裡，我們就可以找到細胞的記憶表達方式，通過植入移植器官的細胞記憶，來達到讓細胞不攻擊的效果。一般來講，植入器官原本身體的骨髓細胞記憶，是最好的選擇。

第二，是殺死我們的部分免疫細胞！我們身體裡的免疫細胞，就好像我們身體裡的戰士，它們有時候就好像螞蟻的工兵，或者像會螫人的蜜蜂一樣。很多時候，它們進行攻擊後，自己的生命也會結束。所以，我們可以對這些細胞傳遞「身體有外來器官進入」的假訊息，誘使它們迅速進入後階段的「自殺」動作。

不過，這也伴隨著一個問題：如果這些細胞有其他的免疫功能，我們人體也會隨著它們的死亡而喪失一些其他重要的免疫能力。所以，如何更精準的，找到只針對器官移植的免疫細胞，就是我們需要研究的課題了。

第三，是讓身體不生產攻擊移植器官的細胞。由於人體內所有類型免疫細胞的總和是固定的 ， 就好比工廠裡一共就有 10 條生產線。我們如果讓身體全部生產與攻擊移植器官無關的免疫細胞，就沒有留下任何攻擊這種器官免疫細胞的「空間」了。就好像武器中沒有深水炸彈，也就無法攻擊敵人的潛水艇了。

人體的過敏反應、器官移植造成的免疫反應，對身體影響還是非常大的。我的花粉過敏，前前後後治療了 20 多年，還是以注射 43 種花粉液體「鈍化」自身免疫系統的反應，來減輕症狀的，使用的方法可歸納入前述第一類策略。因為身體對春天來臨的花粉特別敏感，流鼻水、打噴嚏對生活品質有影響，我反而被逼得只喜歡萬物皆枯的寒冬日子，生活品質已接近灰色程度。

但和器官移植患者要用重藥來壓抑身體免疫反應相比，我的一點花粉過敏，連小巫見大巫的比喻都用不上。由此看來，人類科學在免疫這方面的研究，還有很長的路要走。

41. 致癮的生物學基礎是什麼？

據英媒報導，《綜合精神病學》發表的文章❶稱：網購成癮應該被定義為精神障礙，其可能導致抑鬱、焦慮，並影響人際關係。

在我們的生活中，能夠使人類上癮的事物很多，除了冰毒、嗎啡、海洛因、大麻、鴉片這些毒品，還有煙酒、鎮靜劑、賭博行為，甚至遊戲行為等等。

說到上癮的原理，就要先講清楚神經元的作用。人類對外界刺激的感受，是通過無數神經元由軸突一路傳到腦部的。而神經元和神經元中間的軸突，傳遞資訊的結構叫做突觸（圖 38–2）。突觸可

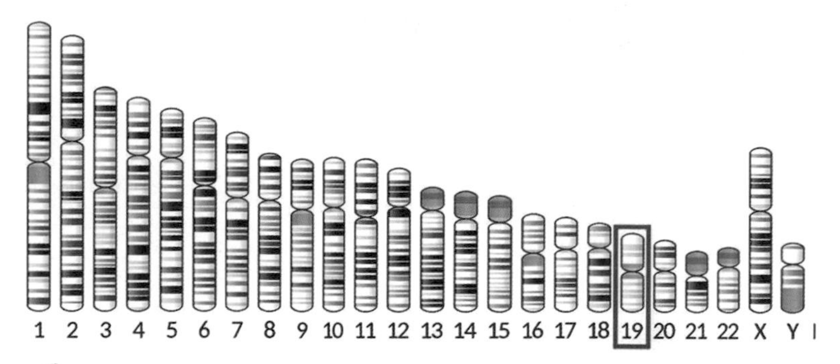

圖 41–1 決定人類是否成癮的第 19 條染色體 。(Credit: Public Domain/Ideogram human chromosome Y.svg/NIH/USA)

---

❶ Müller, A., Steins-Loeber, S., Trotzke, P., Vogel, B., Georgiadou, E., & de Zwaan, M. (2019). Online shopping in treatment-seeking patients with buying-shopping disorder. *Comprehensive Psychiatry*, 94, 152120.

以接收很多種資訊。人類接觸到令人上癮的事物後，身體就會產生化學變化，生產某種特定的轉錄因子被突觸接收到。這個特定的轉錄因子的符號，一般以 FosB 表示，內容深奧，我們認識它能產生的禍害就好，不需深究。

如果我們長時間接觸致癮事物，讓突觸不斷受到刺激，這個特定的轉錄因子就會進入細胞內 ， 找到人類 23 條染色體中的第 19 條，也就是決定人類是否成癮的這條染色體。

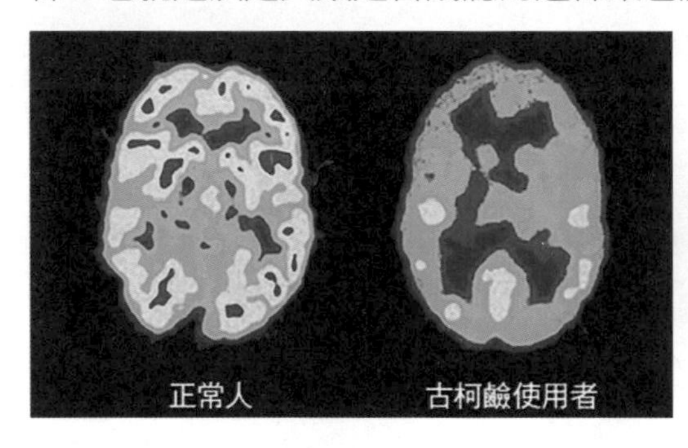

圖 41–2 健康大腦（左）和上癮大腦（右）腦部造影對比。（Credit: Sanjana Gupta —— 2016 年 1 月 12 日《印度時報》）

鎖定這條染色體之後，這個轉錄因子會造成什麼樣的後果呢？讓我們一起來看圖 41–2，左邊是新陳代謝活躍的健康大腦，右邊是吸食古柯鹼後新陳代謝低下的上癮大腦，對比十分明顯。

那麼究竟接觸外界致癮事物到什麼程度，會使身體產生這種變化呢？首先，在環境上要做到不停地刺激，使人的心理形成依賴性。我們從小到大，身體處在一種複雜的化學環境裡，各種藥物、食物以及年齡的變化，都會造成染色體伸展開來。環境中的轉錄因子，就會趁機造成染色體的改變。

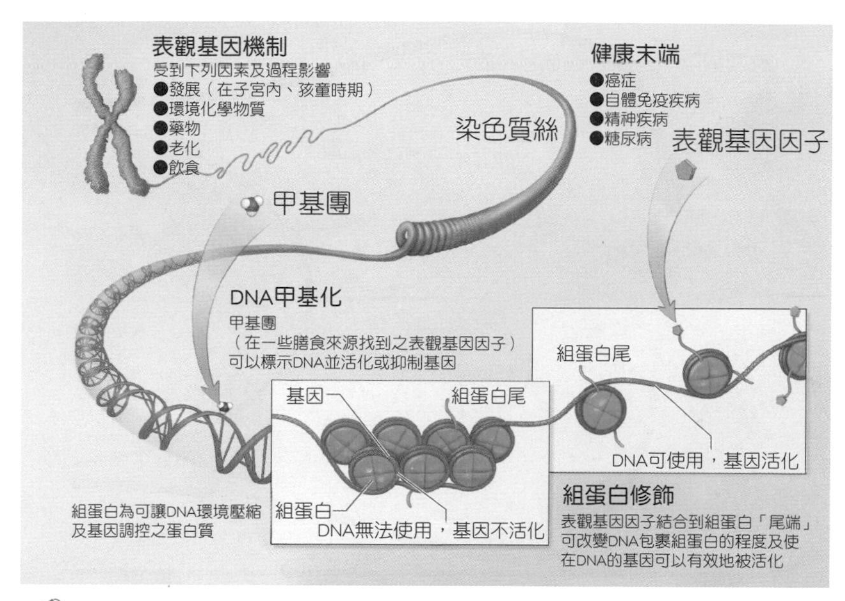

圖 41–3 染色體中組蛋白的尾巴鉤住致癮影響因子。(Credit: Public Domain/Epigenetic/FedGov/USA)

染色體中有一個結構叫做組織蛋白，簡稱組蛋白，英文字為 Histone。我們熟悉的 DNA 鏈像鏈條環繞齒輪一樣，附著在組蛋白上面。和齒輪形態不一樣的是，組蛋白有一個尾巴暴露在外面。在人類伸展開 DNA 製造日常所需的正常蛋白質時，外來的癌症、糖尿病等疾病的致病物質，就會被組蛋白的尾巴捕捉到。上癮的過程與此相似，影響因子被組蛋白這條尾巴鉤住，進入我們的基因，使我們對某件事物上癮。

圖 41–4 就是神經元生出來的一個突觸，它是要跟下一個神經元連繫的。左下角深綠色塊是多巴胺。一般注射嗎啡後，人體會產生多巴胺，從一個神經元，經過突觸傳到另外一個神經元，繼續再傳到下一個。

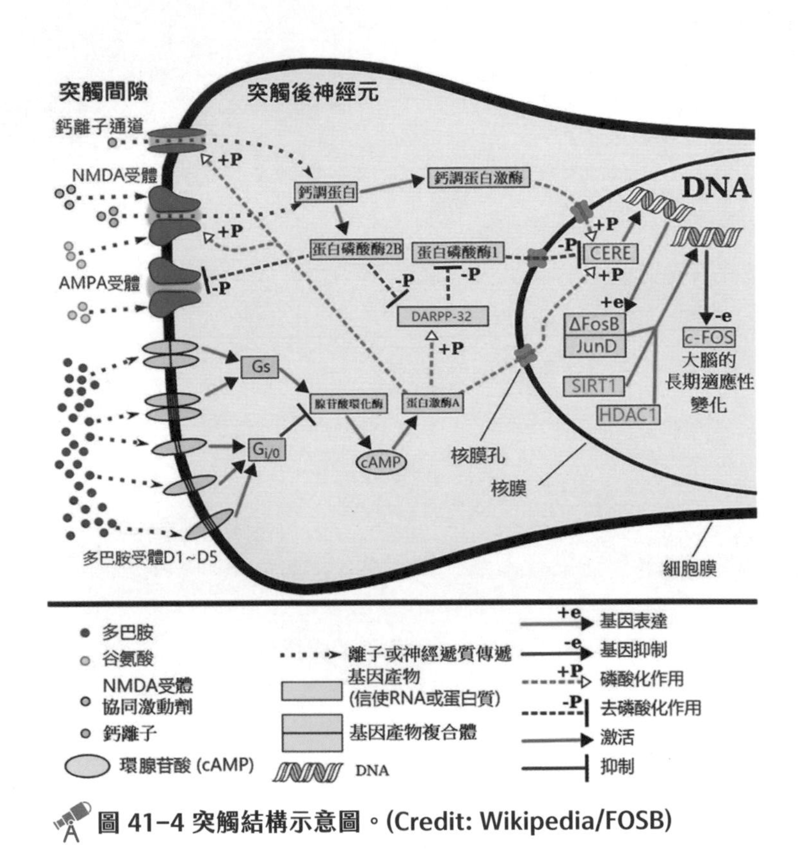

圖 41–4 突觸結構示意圖。(Credit: Wikipedia/FOSB)

在每個神經元中間，多巴胺產生的化學影響，都要通過突觸，然後進入神經元的細胞，找到細胞核中的 DNA，命令 DNA 生產轉錄因子蛋白質 FosB。在圖 41–4 中，右邊那個兩個重疊長方形上面的那個長方塊，就代表 DNA 命令生產上癮的轉錄因子 FosB，而生產出的轉錄因子 FosB，再回去刺激 DNA 發生永久性的改變，把製造這種上癮轉錄因子變成常態。

如果多巴胺不停地刺激突觸，讓每一個神經元細胞 DNA 的第 19 對染色體，都進行這種轉錄因子蛋白質生產工作。第 19 對染色體中，有 5,860 萬個鹼基對，其中有關轉錄因子的有 7,184 對。這些鹼基對被命令不停地產生轉錄因子的蛋白質。生成的蛋白質達到一定濃度的話，就由量變發生質變，使人上癮。

因此，上癮的生物學基礎，就是神經反射的概念。外界不管有什麼刺激來，它刺激的結果都是通過突觸，由一個神經元傳到另外一個神經元。

比如說我們手指碰到熱的東西，馬上會下意識彈開，是因為大腦發出了趕快離開危險的指令。這個指令就是熱帶來的疼痛，而我們對這個疼痛感覺是怎麼來的？就是神經反射的作用。在這個過程中，兩個神經元可能相隔距離達到一公尺，突觸傳播完全靠靜電環境中的化學作用，反應速度一般在百毫秒級，非常可觀。

第 19 對染色體上 DNA 發生的變化，可能只是使人上癮的一種途徑。目前的研究，將視野放到了全部 23 對染色體上，大規模搜索它們對上癮的影響。

總而言之，沉迷上癮的事物，帶來的快感是一種獎勵，過度暴露在獎勵的環境裡，會使身體的轉錄因子增加。增加到產生質變的程度，導致上癮。

另外，上癮不上癮，有 40～60% 取決於基因。我們人體有 40% 到 50% 的轉錄因子是遺傳來的。同卵雙胞胎的基因都是相同的，科學家曾經針對幾對同卵雙胞胎，做過一個跟蹤實驗。經過長久觀察發現，不管他們生活的環境差別多大，如果雙胞胎其中一方染上了毒癮，那麼另一方基本上也會染上，甚至連上癮的毒品種類都一樣。這證明了，一個人上癮不上癮，並不完全由自己控制。

42. 測溫槍的原理

2020年至2022年，新冠疫情期間，測溫槍在某些階段都賣斷貨了。平時家裡使用的溫度計，都要放在腋下幾分鐘才能顯示體溫，為什麼測溫槍一下就能量出體溫呢？它用的原理是什麼？

我每次進海關都要經過安檢區，那裡會有一個測溫槍，瞄準每個人的額頭部位，測量大家的體溫。測溫槍的原理和黑體輻射有關，它是十九世紀人類攻克的重要物理問題。在二十世紀第一個25年，突破的是相對論和量子力學。而今天，人類仍需要攻克的問題，是暗物質、暗能量。

黑體輻射的研究結果，造就了量子力學問世。想要解釋黑體輻射，我們就要引入光這個概念。光對物體有反射、穿透、吸收三種反應，如果物體材質比較特殊，沒有反射和穿透，光就會被完全吸收掉。而能夠百分之一百完全吸收光的物質，因為不發生反射，看起來就一片黑，我們管它叫黑體。

黑體的概念

在觀察黑體時，光一進來，物體就把光吸收了，對光沒有反射，並且光也沒辦法穿透物體。因為一個物體到最後跟環境總是形成一種平衡，這個物體把光全部吸收進來的同時，也要輻射出去，吸收和輻射的量是相等的。換言之，光被吸收進來後，物體能量就會增加，開始發熱，需要進行熱輻射散熱出去。而這部分輻射的能量就稱為黑體輻射。

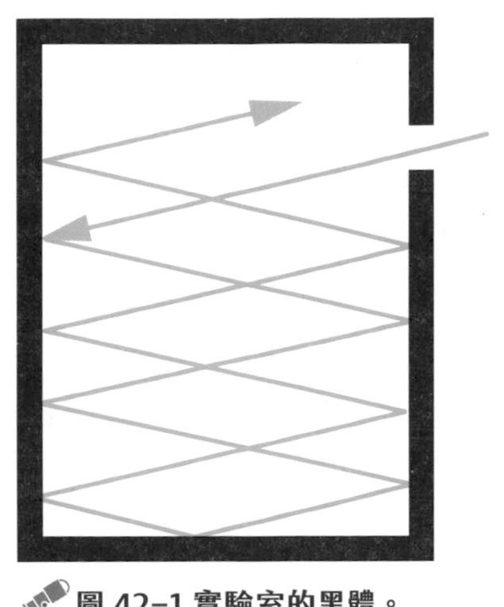

圖 42–1 實驗室的黑體。

一般在實驗室做黑體很簡單，雖然我們做一個表面不反射，不穿透的物體並不是那麼容易，但我們可以找到竅門。像圖 42–1 中這樣的結構，就是一個物理上的理想黑體。一個中空的容器只開一個小洞，光一進去就在容器裡頭反射來反射去，找不到小洞再射出去，這樣就是黑體。科學家們會量測小洞裡面的溫度，找出它光譜的強度跟溫度之間的關係，就可以得出實驗的結論。

而此時，我們的光是一個固定的波長，如果開一下腦洞，把波長變長又會怎麼樣呢?光有紅橙黃綠藍靛紫，還有紫外線和紅外線，波長範圍很廣。

如果射入盒子的波長長度比容器小，那沒有問題，可以一直吸收進來。如果現在它的波長比這個容器的最長邊要大，那怎麼辦？

就像我有個房子，要拿一根木棍進來，如果木棍比較短的話，我可以拿進門！但如果木棍和房子同樣大小，那就要費一番力氣才能拿進來。如果木棍長度達到了房子兩倍大，那房子根本就裝不下這根木棍了。

所以大家對黑體研究的第一個關注點是，如果波長很長，黑體盒子就吸收不進來，那麼黑體放射出來的那部分能量，會相應減少。

那麼，如果波長愈來愈短，黑體盒子是不是可以無限地把光收集進來？要解決這個問題，我們需要看下面這張圖。這個曲線叫做黑體輻射的光譜，一軸是它的能量，一軸是它的波長。曲線上的單位 K 是絕對溫標 （凱氏溫標）， 像 300 K 這條紅線是室溫 ， 標示 5,777 K 的黃線代表的是太陽表面溫度。

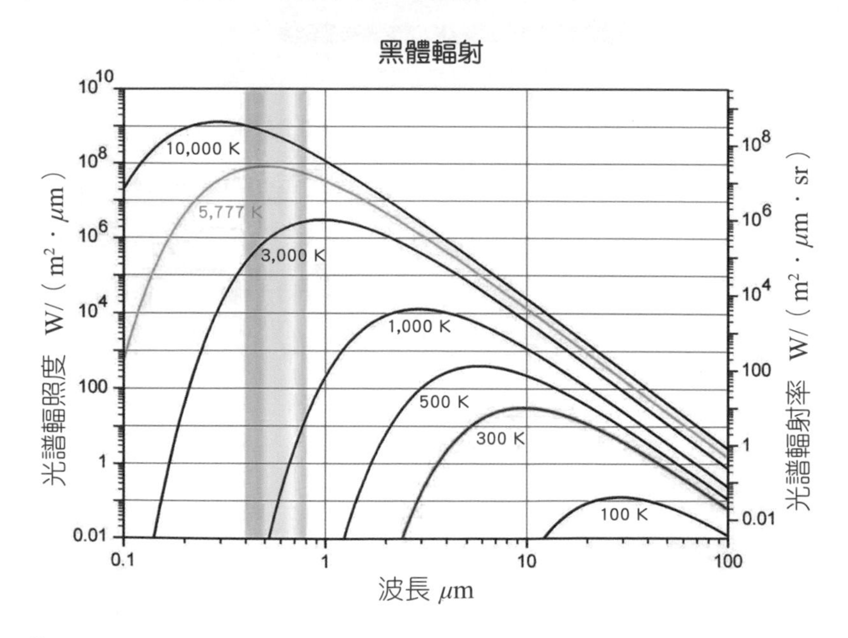

圖 42–2 黑體輻射光譜。

圖 42–2 的橫座標是波長，彩虹區域則是可見光，座標愈往左邊波長愈短，愈往右邊就愈長。可以看出，按照我們剛才的推論，波長愈來愈長的話，黑體收不進來了，那麼它的能量會愈來愈低，收不進來哪個波長的能量，就輻射不出去哪個波長的能量，所以横座標右邊波長增加後，所有的線都開始往下跌。

研究黑體輻射的意義

但是我們剛才講了，如果波長很短，能量應該愈來愈高，也就是說愈往左，所有曲線應該愈來愈高，但我們觀測到的並非如此，所有線在左側都向下彎曲了，並且有一個最高的一點。

這個問題就是十九世紀我們研究黑體輻射的意義。如果曲線按照我們設想的愈往左側愈高，紫外線的溫度隨波長減少無限升高的話，就會造成紫外線災難。

至於為什麼波長短到一定程度，反而能量會降低這個問題，就是量子力學的開始。量子力學說，以高能量存在的光波，物以稀為貴，人類也很難捕獲。於是乎雖然能量高，但是你找不到幾個，總能量自然就弱下來了。像我們宇宙中的任何事物，能量高的一定很難找得到，高能量粒子因為能量太高，在宇宙間是非常稀有的，這就是黑體輻射和量子力學誕生的關係。

黑體輻射與測溫槍

我們把這張圖完全畫出來以後，放諸宇宙，任何地方皆準，每一個溫度都有一個固定的曲線，所以通過對照圖表，我們可以知道在任意一個溫度，它能放出來多少的能量！反之，我如果有每個波長的能量強度，我也就知道發出這些光波的物體溫度了。

這就是測溫槍的原理。

常見的測溫槍都有一定的波段，不可能像雷射一樣只是單一波長。根據這個波段，可以畫出對應的一個曲線，這個曲線的峰值剛好告訴大家，所測之人的體溫。

43. 溫室效應

溫室效應、全球暖化、海平面上升，這些辭彙我們經常聽人提起，現今認為是地球環境變差的表現。但溫室效應的影響究竟有多大？它會讓地球的溫度上升到多高？這目前仍是科學領域十分活躍的研究課題。

2008 年至 2018 年，我們全球的平均溫度，比 1850 年至 1900 年工業革命前的平均溫度只高了 0.93 °C，但有一些天氣預測電腦類比的升高溫度，是在 1.5 °C 至 4.5 °C 之間。

我們都知道《巴黎協定》，世界上幾乎所有國家都參與其中，大家一起約定：將人為全球變暖的溫度控制在 2 °C 以內。但是據《巴黎協定》中的研究資料表明，直至 2050 年，甚至更近的 2030 年，我們很難把人為升高的溫度控制在 2 °C 以內。

以現今的認知，全球氣候變暖會引發很多極其惡劣的災難是一種常識。比如，南北極的冰和高緯度的冰川融化，會造成海平面上升。一般窮人都居住在接近海面的低窪地點和河流沖積出來的三角洲。海平面只要略微升高，他們居住的地方就有被淹沒的可能。大量窮人會流離失所，貧富差距可能進一步增大。如此下去，人類未來文明的發展都可能受到影響和威脅。

下面我們就討論一下，溫室效應的情況。

溫室效應的「現狀」

夏威夷島是世界上最主要測量二氧化碳濃度的地點，2013 年的測量資料顯示，地球空氣中的二氧化碳已經達到了 400 ppm（百萬分之一，part per million）。換言之，二氧化碳的含量達到了地球大氣成分的 0.04%，這是過去 80 萬年來最高的數字。

大夥可能會納悶，80 萬年前的資料，我們如何得知呢？

其實，地球氣候變遷的一些資料，很多都鎖在地層中。比如南極的冰層，你可以一點點挖下去。因為它是一年一年堆上來的，一年可能有幾寸厚的冰層。在某一年裡火山爆發、灰塵比較多、碳燒得比較多，這些都會在過去的冰層裡留下蛛絲馬跡。

科學家每年都會用設備鑽入南極冰下，取出一段段的古老冰層進行分析，如此，就能瞭解過去幾萬年、幾十萬年的氣候溫度和大氣成分的變遷等等。

目前預測 2100 年的全球溫度，將會比《巴黎協定》中的溫度提高 4 °C。不過我個人是不太願意使用這類資料預測，原因是這類預測來自電腦氣候模型計算。基於大氣中氣溶膠和雲量的不確定性，在電腦上使用不同的輸入成分數據，就導致有多個不同的計算預測。結果呢？就變成公說公有理、婆說婆有理的口水戰局面。甚或造成關鍵決策人，如前美國總統川普，因經濟和政治的考慮因素，選擇了科學和電腦資料靠邊站的立場。

不過，我們可以確定的一點是，從 1900 年之後，全球的溫度增長絕對不是一個自然正常增長的情況，因它與人為的工業革命啟動事件息息相關。

溫室效應的形成

溫室效應的形成，其實涉及到很多問題。目前相關的資料也非常多。我們都知道，溫室效應是由溫室氣體的增加造成的，其中就包括二氧化碳、甲烷、一氧化二氮，以及一些鹵素（氟氯溴碘砈）氣體，例如我們熟知，在南極洲上空闖大禍鑿了個臭氧大洞的氯氟烴——通稱為氟利昂——氣體。

當然，二氧化碳是其中最主要的溫室氣體。目前大氣中的二氧化碳，有 65% 是由汽油燃燒來的，16% 是由煤氣燃燒來的，11% 是由土地使用來的，剩餘部分包括人類呼吸、微生物發酵等等。除此之外，還有一個很有趣的資料。人類飼養一些做為肉食來源的反芻類動物，如牛羊，有四個胃，牠們糞便中釋放的甲烷，居然達到了全球甲烷的 20%。

溫室效應的後果

前面我們簡單提到了溫室效應的後果，目前討論最多的，當屬海平面上升和全球氣溫變暖。地球兩極的環境受到了極大的影響，北極冰和冰川的融化，讓北極熊「流離失所」。

即便如此，很多人的意識仍停留在「這些和我沒有關係」的層面，這是極其錯誤的想法。

當全球溫度升高到一定程度，地球將會發生「不可逆」的改變。

我們可以參考現在的金星：金星這顆星球，外面有一層厚厚的溫室大氣把它包住，所有日光的能量只進不出，這就讓它以前可能有的海洋、森林等等，全部被毀滅掉。金星就是一個典型、已經失控、被溫室效應毀滅掉的星球。

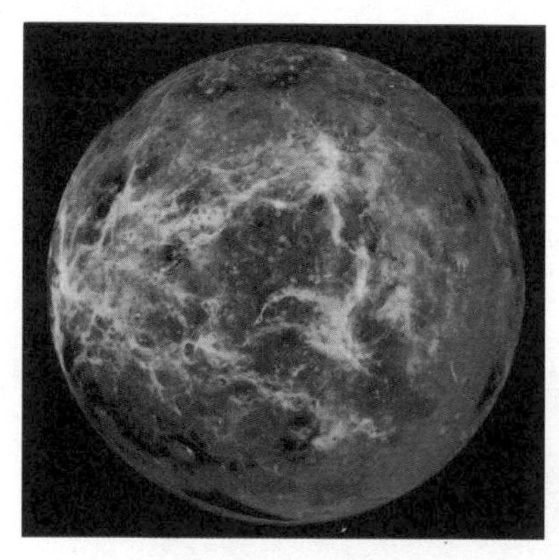

圖 43–1 被溫室效應毀滅掉的金星。(Credit: NASA/JPL)

那麼，我們地球會不會也有那麼一天呢？

當然會！不可逆的溫室效應可能發生在未來增溫 5、6、7……°C，一旦增溫達到那樣的溫度，地球上所有生態可能全都玩完了。屆時，整個地球上人類的文明就會灰飛煙滅。所以，目前的有志之士都在密切關心著溫室效應的情況。由於有關溫室效應的深度問題太過於複雜，我們在此就點到為止了。

做為地球上的一員，我們每個人都該密切關注全球氣候的變化，並為之做出一定的貢獻。比如注意物質回收使用，養成隨手關燈的好習慣，短途可以走路騎車，多使用大眾運輸工具，多做節能減碳活動等等，不要讓人類幾萬年的文明毀於「自作孽不可活」的我們這一代。

44. 地球究竟能承載多少人口？

人類的文明在不斷進步、發展。在地球這一個環境中，人類的數量、生存領域都在不斷擴張，但是，地球究竟能夠承載多少人口呢？

人類在發展過程中，確實很少考慮到「地球的感受」。地球的陸地面積就那麼大，人類如果無限制的增長下去，僅從陸地面積來看，也會有一個極限。所以，人類確實該考慮，多少人口以下才能在地球上生存的問題了。

關於地球可以負擔多少人口，我們可以從很多方面去理解、探討。目前，科學界對此還沒有完全定論，我就在此把我的看法和大家分享一下。

世界人口的發展趨勢

圖 44–1 是聯合國提供的一個資料圖，其實在 1800 年地球人口僅有 10 億出頭，但我們可以看到一個明顯的拐點，是在 1950 年之後，第二次世界大戰結束，大家都回到了發展的軌道上。這時候，人口開始飛速增長。

在 2015 年，研究人口的專家，對世界人口的發展趨勢做出了判斷，也就是圖片的虛線部分。他們認為人口未來有幾種發展趨勢，一種是繼續快速上升，一種是趨於平穩，還有一種是增長後減少。

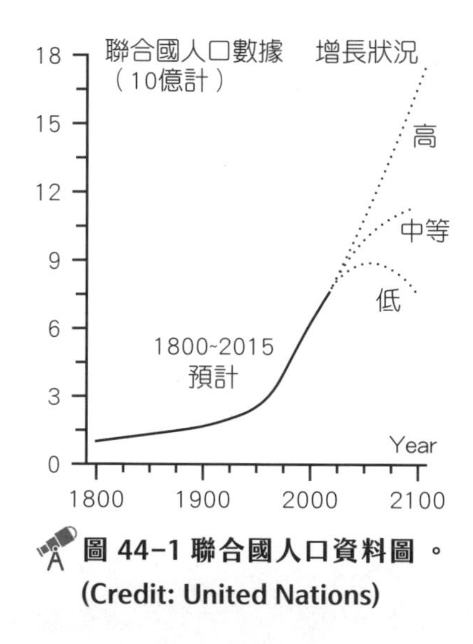

圖 44–1 聯合國人口資料圖 。(Credit: United Nations)

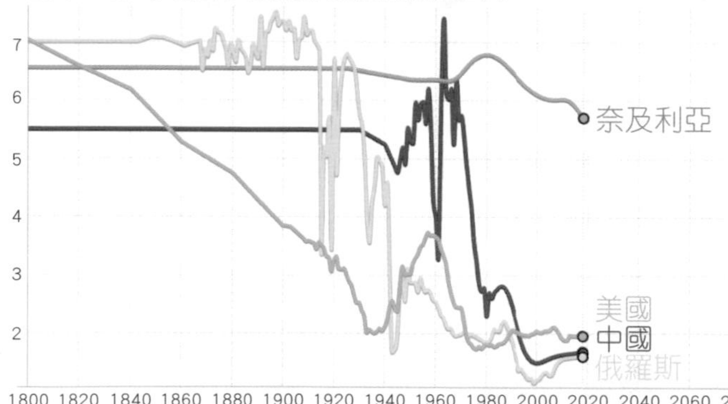

圖 44–2 當代女人一生平均生育孩子的數目。(Credit: Free data from www.gapminder.org)

再來看圖 44–2。這張圖表示了隨著時間的變化，當代女人一生平均有多少孩子。可以看出，目前生育的情況相較於 50 年前，已經大幅放緩，中美的數值大概在 1 至 2 之間。

我想根據圖表來看，地球人數肯定還會增長，但應屬於增速變慢的情況。

人類數目的上限如何決定？

很好理解的是：人類在地球上人口的極限，一定不單單由地球的承重決定，但其中的因素就很複雜了。

首先，要看我們能生產出多少糧食。這一部分依賴科技的發展，比如中國袁隆平的雜交水稻，成果傳授多國，養活了上億人。未來的新品種，可能培育更快，糧食的產量就又能滿足一部分人的需求。

其次，必須要有清潔的水源。如果在現有情況下，大範圍的淡水被污染，那麼地球人口一定會急劇下降，人類對於水的需求甚至大過食物，且水對於人類的具體限制會比食物展現得更快。

再者，適合居住的環境。我們曾經提到全球變暖，冰川融化，它使得海平面上升，就會讓許多陸地淹沒。在這樣的情況下，不僅人類原有的生存環境被破壞，像北極熊這種動物沒有地方可以居住，也可能會跑到人類的地盤上來，或就此滅絕。無論如何，人類數目的上限一定會被削減。

最後，就是人的生存要求。世界各地都存在貧富差距，地球承載人口的極限，也要看它究竟承載什麼樣的人。地球好的地方被富裕的人占據，惡劣的地方讓貧窮的人去繁殖擴散。對地球來說，肯定是窮人易養，富人難纏。地球最終人口的分配，必然是難纏者少，易養者多。假如地球上都是美國人的平均生活水準，不要說 70 億人了，35 億可能都承受不了。

改變地球和增長人口

都說人要與自然和諧相處，但對於地球來說，人類即便僅是吃吃喝喝，不主動傷害地球，也是地球生存環境的一個負擔。加上工業生產、日常生活產生許多廢物，主掌大自然的地球能力雄厚，可能無所謂，但對非常脆弱的人類而言，就會有嚴重的報應。不過，人類也正在嘗試開發地球，讓地球能夠負載更多人口增長。

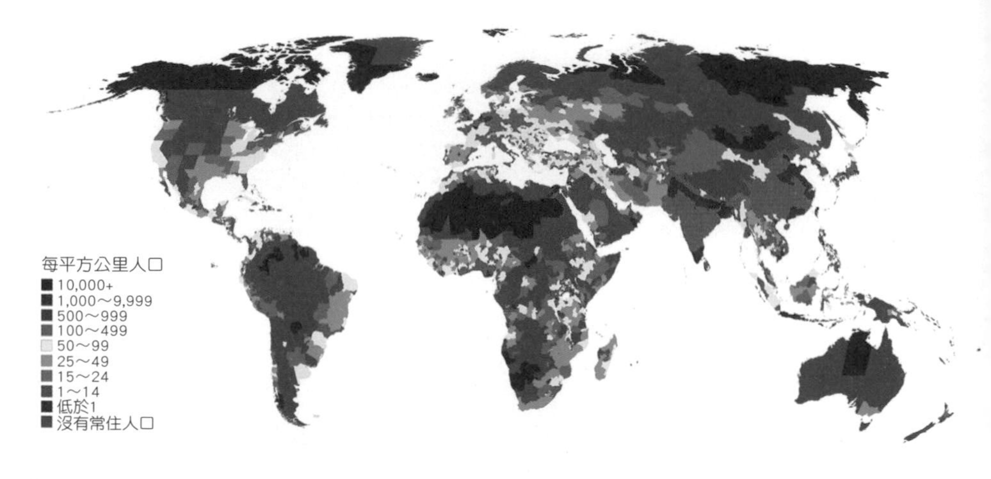

圖 44–3 地球人口密度分佈圖。(Credit: United Nations)

圖 44–3 是地球的人口密度分佈圖，我們開墾荒地，為不那麼密集的地區增加一些人口密度，其實就可以增加地球人口承載的上限。如果為了增加人口找些糧食，在不傷害地球的前提下，通過研究改變一些土質，使其更適合糧食生產，似乎是可行之道。但這個觀點，環保團體絕不會妥協，必然反對到底。

但是大家千萬不要覺得科技可以改變一切。地球對於人類的承載量其實並沒有那麼樂觀。世界科學組織在之前綜合了上述的「足夠的糧食」、「清潔的水源」、「適合居住的環境」等因素，推導出一個地球承載人口的公式。早在 1999 年，地球人口其實已經超過了可負擔人口 20%，在 2016 年，地球人口已經超過了地球可負擔人口 70%，遠遠超過了計算出來的標準。

所以，我們現在需要「一個半」地球，形勢不容樂觀。

從我自己的想法來看，我認為地球人口的上限，即人類把所有需要的地球資源全都擠榨出來承載人類，大概是 160 億人。就目前情況來看，地球人口達到 100 億就很危險了，這是我的一個估測。

人類要有一個重要的概念，那就是人類需要地球，但地球一丁點兒都不需要人類。人類只是地球上曾經存在過上億個物種之一的匆匆過客。人類出現，人類滅絕，地球其實毫無興趣，完全不需理會。和人力來比，地球力大無窮。人類只能摧毀人類自己所需要的生存環境。終有一天，人類會從地球永遠消失。沒有人類的地球，還會再我行我素地存在數十億年。反而我們人類，應該珍惜我們在地球生存的分分秒秒，盡心善待給我們生存條件的地球，感恩地球之母給人類的厚愛。

45. 能源三問

石油是世界上重要的資源，它的價格漲跌牽動著無數國家的利益。

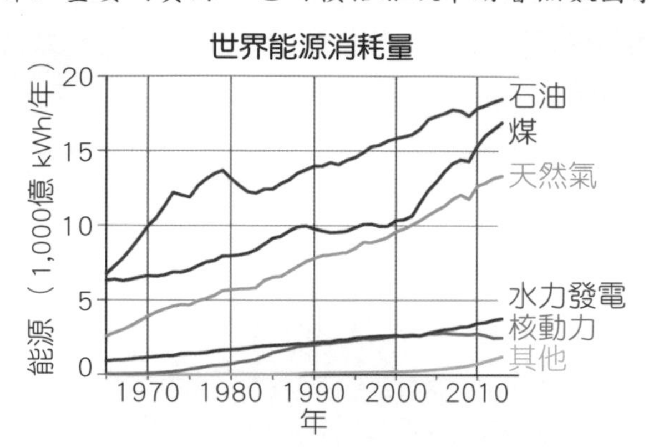

圖 45-1 世界各類能源消耗量。(Credit: United Nations)

人類目前使用最多的能源是自然化石燃料，也被稱為化石石油，包括煤炭、狹義的石油和天然氣等，占全部能源的 80% 左右。化石石油是大自然上億年的生物循環形成的，理論上來說，是可以無限供應的。

石油對我們為什麼這麼重要？

石油之所以會發生短缺，是人為愚鈍的政治和金融私利的胡攪。人類使用石油當然更是不遺餘力的糟蹋地球。其實人類糟蹋地球，對「我行我素」的地球本身不會造成傷害，傷害的主要是我們自身的生活環境。人類的生存，一定要在一個適合的地方，因為人需要有個溫暖的環境，需要吃東西，對環境的要求比較苛刻。而地球對此根本無所謂，它並不在意自己有沒有大氣、有沒有溫度，這對地球的自我存在無足輕重，完全無關。

因為科技的更迭，我們對地球的索取愈來愈多。原始人燒點柴火就可以了，而現在，我們的汽車、飛機、潛水艇等各種設備需要的燃料都不盡相同，且消耗巨大。如前文所述，其中主要以煤炭、石油和天然氣為主，這些化石燃料是地球饋贈給我們，而我們也能夠利用的能源。

隨著科技不停的進步，人類從地球可以獲取到更多自然的能源。我們大概還需要 25～50 年，可以達到高效利用氘、氚、氦-3 等融合核能的下一個階段。如果這一步可以實現，人類千秋萬載的能源需求都能解決。

目前人類唯一能夠控制的能源，是再生能源，一般由生物形成。其中最重要的構成部分是植物，比如玉米，我們可以把它製作成酒精、玉米油，按比例混合在一起變成燃料，甚至能夠帶動汽車運行。

除此之外，還有水力發電、太陽能電池、風力發電等等。但對於這些再生能源，我們利用的效率和程度都比較低，因此目前人類主要還是依賴傳統的石油，因為比較起來，它的價格太便宜了。

石油什麼時候會被用光？

而地球上的石油什麼時候會被用光呢？這就要看科學技術的進步了。地球本身是個大資源庫，現在的科技可以從油頁岩中榨取石油，幾乎給予人類又上百年的能源。人類能從地球再擠出多少石油，和我們的科技發展有密切關係。

上個世紀 70 年代的時候，我們就在問，地下的石油什麼時候用光？現在大家還是重複一樣的問題。按照現今的資料，我估計可能在 2030 年，石油的產量就到達頂端了。但地球實在是太大了，只要再發現任何一個地下油田，就可能又供應人類使用 100 年。

什麼時間用什麼能源可以替代石油？

很多人擔憂，萬一石油真的被開採枯竭，需不需要用別的能源來取代？據我所知，目前石油的替代品，有這幾種能源。第一個是太陽能，太陽能對我們人類而言，也是無限的。現在整個地球每一天消耗相當於 14 萬億瓦的能量 ， 平均每個人是 2,000 瓦 ， 也就是說，地球上每人每天相當於有 20 個 100 瓦的燈泡可用。我們每天要在大自然中攫取這麼多能量才夠用。而太陽每一天賦予我們的能源遠大於此，大概可以達到 14 萬億瓦的 6,600 倍，足夠人類使用，且日以繼夜源源不絕。換言之，太陽給我們能量是無窮的。

而困擾我們的問題，主要是如何將這些太陽能為我們所用。現在人類利用太陽能主要有兩種途徑。

第一種是借助半導體，利用太陽能，即光子，把電子由低能量的地方踢到高能量的地方，然後再讓它掉下來，這樣電子就可以轉化為電能，即太陽能電池板的原理。

第二種是反光板反射，用反光將陽光集中在中間區域，區域內放置有水流的水管，把水加熱變成蒸汽來發電，也是轉化為電能。

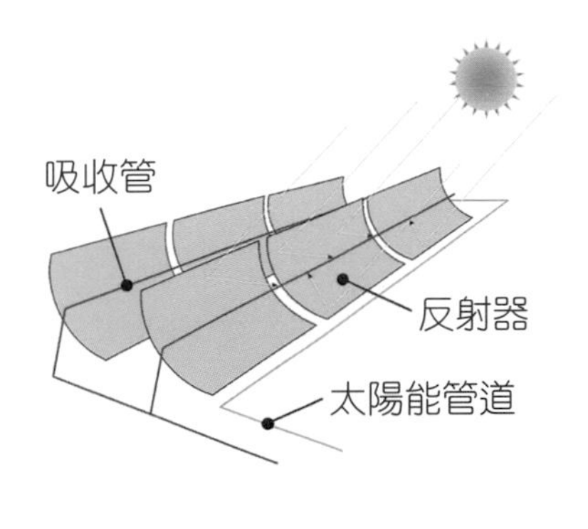

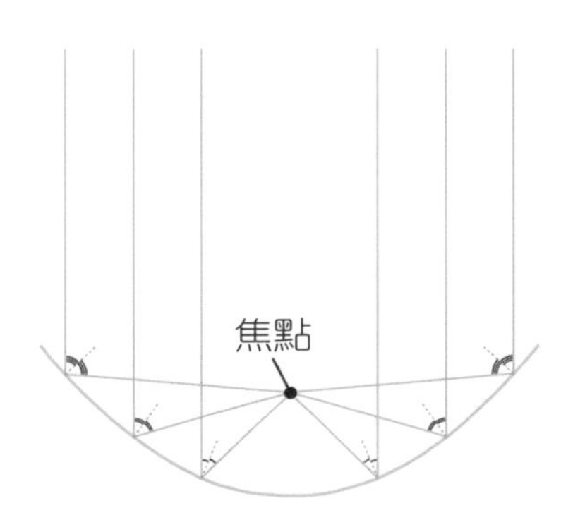

圖 45-2 太陽能是無窮的。(Credit: Wikipedia)

因為利用效率不高，太陽能的兩種發電形式加起來轉化的能源量，占人類目前使用能源的 1% 都不到。

其他像風力、水力這些再生能源，也可以增加些能源量。除此之外，還有生質能源，比如玉米桿、高粱桿，以及草原上的牛糞、羊糞，都是很重要的生質燃料。

人類目前要走的方向，是怎樣來加強再生能源的利用效率。未來人類科技發展到一定瓶頸，再也無法獲得更多的化石燃料時，或者是進一步的能源使用行為，會對人類的居住環境發生巨大傷害的時候（比如溫室效應程度已經到達無法掌控的地步），我們就必須將目光轉向再生能源。

人類對資源的需求與日俱增，2020 年需要的能源，相比 2013 年，大概多出 1.4 倍左右。圖 45–3 是 2000 年前後五十年人類對不同能源的需求情況，可以看出，風力能和太陽能是未來發展的主力能源，地熱和生物能源也具有相當大的潛力。因為太陽能和風能不需要人類開採，它們直接照射或拂過地球表面，相對容易獲取。

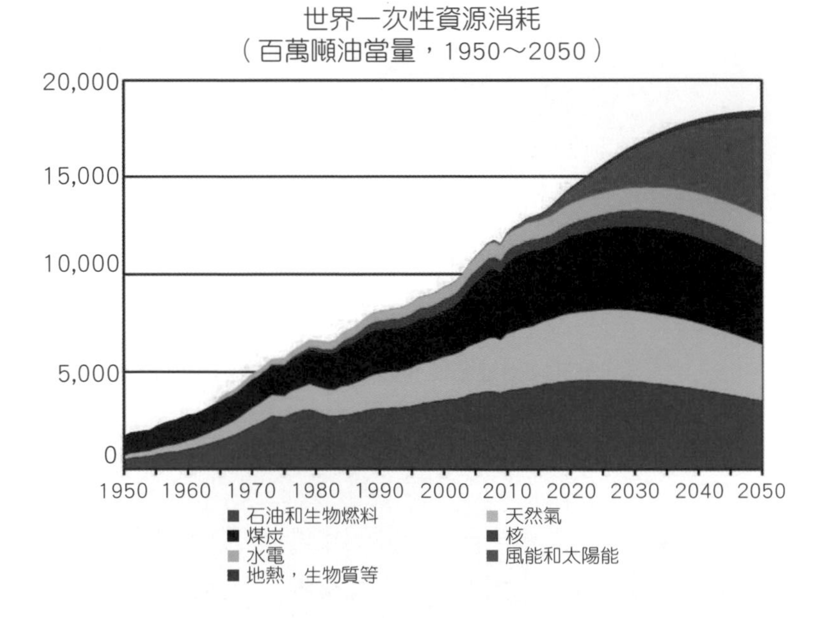

圖 45–3 1950 至 2050 年世界各類能源消耗量。(Credit: Dr. Minqi Li, Professor Department of Economics, University of Utah. E-mail: minqi.li@economics.utah.edu. June 2018)

但是因為它們的能量濃度和密度比較低，需要占用很大的地面空間，來鋪設太陽能電池或風力發電設備，在一定程度上會影響人類和其他動植物的生存，目前仍然是值得進一步研究的課題。

46. 我們都是火星人？

火星上可能有生命嗎？

我在 2021 年更新了 20 年前寫的一本書《我們是火星人？》，新書名叫做《穿越 4.7 億公里的拜訪：追尋跟著水走的火星生命》。好多年輕人看到書名以後，都向我提出這樣的問題：

「火星那麼冷，怎麼可能有生命？」

「大氣層那麼薄，火星的生命怎麼呼吸？」

「水是生命之源，火星上有水嗎？」

乍看之下，你或許覺得這個想法天馬行空、不切實際。但是，人類多年探索火星的結果可以告訴你，我們很有可能就是「火星人」！

50 餘年，幾百億美元的火星探索

對火星大規模深入的探索，是在 1976 年。當時我們斥鉅資打造了兩個火星探測器「維京人 1 號」和「維京人 2 號」。

我們尋思著，把這兩個火星探測器送到火星上，檢測一下火星表面的成分，火星的生命跡象就能顯現出來了。於是我們在維京人 1 號和 2 號火星探測器上布置了實驗室，用來測試火星的表面物質。

大家都知道，生命的基礎是有機分子。但維京人 1 號火星探測器的實驗結果顯示，火星表面不但沒有細菌生命，連一丁點有機分

圖 46-1 維京人 1 號火星探測器模型。(Credit: NASA/JPL)

子都沒有。這次探測一共花了 40 億美元，現在說起來，我還覺得有點心疼。

不過，仔細一想，火星的大氣層很薄弱，陽光直射進來，紫外線會把所有生物都殺死，整個火星就像一間巨大的無菌室，能有生命才怪呢！

但是我們沒有停下探索火星的腳步，截至 2020 年，我們陸陸續續向火星發送了近 50 艘太空小艇。但可惜，並非每艘都可以到達火星，有的可能被隕石擊中，徹底失去聯絡；有的沒找到火星，導致任務失敗。

不過，皇天不負有心人。我們在 1996、1997 年發射的「火星探路者號」及後續發送的火星探測小車發現，火星上有能形成含氧液態鹹水的礦物質！有了含氧的液態鹹水，火星上就有可能存在生命。

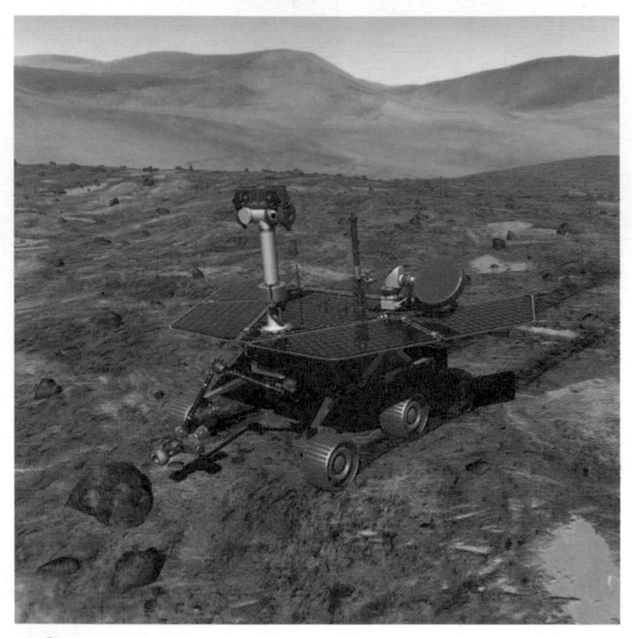

圖 46-2 火星探路者號示意圖。(Credit: NASA/JPL)

基於這樣的一個探測結果，「我們是火星人」的猜想其實很好理解。

火星每年都會送地球一些禮物

無論是地球還是火星，它們最初形成的狀態都是一個很熱的火球。而火星質量小，比地球更容易冷卻下來。經過測算，火星比地球早 2 億年達到生命起源的條件。

這正是「我們是火星人」這一猜想，最基礎的事實根據。

宇宙中有隕石碰撞，因此，每年從火星「蹦」到地球上的材料大概有 500 公斤，這算是火星每年送給地球的「禮物」。

生命，極有可能就是搭乘著這樣的「隕石列車」來到地球的。

當時地球一直遭受外來隕石的轟炸。這些生命到了地球後，有的被無情的隕石轟擊，消失了；有的則鑽到了地下，躲避這場災難。一直到今天，我們還可以在地下發現原始生命的痕跡。

聰明的你一定已經想到：既然地球的生命可以鑽到地下，火星的生物就不可以了嗎？

當然可以！這也決定了我們新一代火星探測器的探測方式——往火星地下探測，一公尺、兩公尺、十公尺……。

跟著水走，探測火星！

比起 1976 年的探測結果，後來的我們有了新的發現——火星上有很多水。水是生命之源，所以我們探測火星的策略就是「跟著水走」。那你猜，火星的水都在哪兒？是以怎樣的狀態存在的？

第一就是「水冰」，火星的溫度很低，部分水以「水冰」的形式存在，尤其是在火星的南北極。

第二就是液態水，上面我們已經提到了。我們雖然沒有直接看到液態水，但是火星上有礦物質可以使水冰變成鹹水。並且，火星上還有過「河床」的痕跡，那是液態水急流沖刷後形成的。

你可能會奇怪，火星的溫度在 0 ℃ 以下，水為什麼還會以液態的形式存在呢？道理其實很簡單：冬天，道路結冰，除雪車會往地

圖 46-3 火星上已乾涸的河床。(Credit: NASA/JPL)

上撒鹽，以此來降低水的冰點。同樣地，火星上有「過氯酸鈣」、「過氯酸鎂」等過氯酸鹽，可以讓鹹水在零下 100 °C 左右仍然保持液態，如此一來，火星上有液態鹹水也就不稀奇了。

液態鹹水的存在，已經證實了火星上存在生命的可能性，雖然我們仍未探測到，但隨著對火星繼續深入探索，總有一天會「真相大白」。

不過呢，就算火星上存在生命，他們的「命運」也是令人悲哀的。畢竟火星的直徑只有地球的 1/2，引力是地球的 38%，大氣層是地球的 1/130。由於火星「個頭小」、「重力場低」，它的引力根本不能「抓住」大氣，又不能防止紫外線的輻射，生存條件太惡劣了！

即便如此，也無法阻礙我們想要探索火星的心。如果你想更詳細瞭解這些年人類探索火星的過程與成果，不妨翻開我最新出版的《穿越 4.7 億公里的拜訪：追尋跟著水走的火星生命》看看吧！

47. 地球上的三類生命

地球上的物種繁多，形形色色的各類生物組成了五彩斑斕的世界，但若討論生命的本質，地球上的生命則無外乎三類。

地球上的生命分為三類，第一種是古菌，它們生活在極端環境下，比如深海或火山口，嗜甲烷和高溫；第二種是一般的細菌，即原核生命，我們身體內就有很多細菌；第三種是如人類這種具有細胞核的「真核生命」，是經過幾十億年演化出來的，它的雙股 DNA 被嚴密封鎖在細胞核內，只有在需要時，才以複製出的單股 RNA 進入細胞質，生產生命所需的蛋白質。

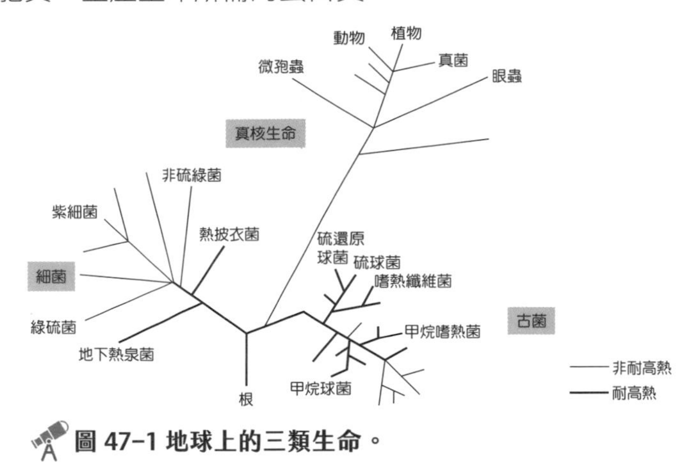

圖 47-1 地球上的三類生命。

它們之間最大的區別在於，細菌、古菌沒有細胞核，但真核生命是有的。

瞭解完這些資訊，下面，我們就從古菌說起。

古菌

古菌是地球上較為特殊的生物，因為它雖然同細菌一樣屬於原核生物，有許多相似之處，但它的生存環境卻與細菌大不相同。

地球形成之初曾是一個大火球，幾乎到處都是滾燙的濃湯，在這種惡劣的環境下，正常生命無法生存。這一階段，能在此惡劣環境下存活的生命，就是古菌了。古菌是地球上最古老的生命，可以在無氧、地表熾熱、火山活動頻發、甲烷廣布、硫磺濃湯漫流的情況下鑽入地下，頑強生存。

古菌與地球最初的樣貌十分匹配，所謂「適者生存」。古菌的種類有很多，包含極端厭氧的古菌、極度嗜熱的古菌、極度嗜酸的古菌，要是把它們放到日常生活中來，它們反倒不適應了。因此，直至今天，大多數發現的古菌，依舊存活在鹽度極高的湖泊中，或是高溫的火山口，或是數千米深高溫高壓的地底。

細菌

細菌有自己的細胞質和細胞壁，內部有染色體，後面有一條尾巴，是給細菌「游泳」用的。細菌與古菌的細胞結構略有不同，比如細胞外膜，古菌的細胞外膜可以抗酸抗熱，與多數細菌不同。

常見的細菌，都是依靠營養存活，所以很多細菌就認準人體，到人體內開始繁殖，部分細菌還會破壞人體環境。當然，學生時期的生物課上，老師也會讓大家在培養皿中培養細菌，就是利用細菌

「僅需營養即可存活」的特點。

此外，細菌並非都對人體有害，眾所周知，細菌中有部分屬於益生菌，它們不僅對人體全然無害，還能幫助人體調節菌群，變得更加健康。

在這裡，我要強調一下細菌與病毒的區別。很多人認為，它們是相似的微生物，但這是錯誤的。

病毒不是生命，它僅是個「東西」。新冠肺炎病毒即為此例，WHO 的國際命名為 COVID-19（冠狀病毒疾病-19）。

我們要注意：病毒不屬於前面提到的三類生命，它不是「活」的生命，只是個東西，不能全自動的隨意複製。如果將病毒放置在空氣中，沒有多久它就會消失，但如果它進入人體，就比較麻煩了。病毒有可能會進入細胞質內，使用細胞質內的資源，開始複製它的單股 RNA，有毒的基因，繼而使人體原有「工序」被破壞，產生惡劣影響。

有人好奇，會問：病毒與細菌都是微小的個體，那麼，它們的出現孰先孰後呢？

其實，答案顯而易見，即細菌先出現，過濾性病毒才出現。能夠在地球上存在的生物，應有自給自足的能力，包括找到養分、消化、排泄，當這套流程順利達成後，細菌才會考慮進化，讓自己過得更好。

而病毒並不具備「自給自足」的能力，它是一種生命的「片段」，必須要依附在某種環境中，通過環境汲取存活資源。病毒的特點，就在於它能夠通過自主的基因片段，影響寄生環境的基因片段，例如新冠病毒可以破壞人體的蛋白質結構。

由此可見，細菌先出現，過濾性病毒後出現。而由於病毒可以改變生命的環境，使生命基因突變，因此病毒也是促進生命進步、進化的重要元素。但太激進的病毒，有時會弄死宿主的生命機能，則病毒也就跟著一起滅亡。病毒的本意也是為存活而傳染奔波，但自然界生存演化難料。病毒和人類持久的鬥爭，也可能有一次一不小心，擦槍走火，就兩敗俱傷。這也是人類物種滅絕的一種可能模式。

不過，與細菌一樣，病毒也不完全是有害的。無論是古菌還是細菌，控制它們最重要的東西叫做噬菌體，噬菌體也是一種病毒，專門殺死細菌和古菌 。噬菌體大概是地球上最多的一種東西了 ，1 CC 的海水中大概就有 1,000 萬個噬菌體，整個地球上有 1,000 萬億億億個 (10^{31}) 噬菌體。當然，這是對人類有好處的。

真核生命

真核生命的典型代表就是人類，真核生命的遺傳信息都存於細胞核內，是以碳為基礎、DNA 為藍圖、左旋胺基酸為結構的蛋白質生命。當我們要製造身體需要的特定蛋白質時，人體就會產生特定的酶，將 DNA 雙螺旋某特定的一段打開，複製一段量身訂做的單股的 RNA，經過裁剪校定，才送到細胞核外的細胞質內，製造身體所需的特定蛋白質。

此外須強調一點，真菌也屬於真核生命，它雖然與細菌叫法類似，但卻有細胞核，區別於動物、植物，自成一派。

總結起來，古菌與細菌類似，屬於原核生命，真菌、動植物及人類都屬於真核生命。病毒不是生命，需要尋找宿主寄生破壞，自己才能「存活」。這也是許多病毒很「危險」的原因。

48. 移民火星？先找到火星人再說！

即便是地球上最惡劣的環境，也比火星好一萬倍。但人類登陸火星卻是必須要做的事，其一，這可以展示人類文明的先進，做為大國之間科技競爭發展的動力；其二，登陸火星，人類就可以瞭解它的「移民條件」。以現在的太空科技發展狀況來看，登陸火星在50年內有可能實現。

當人類瞭解清楚火星後，就擁有了移民的可能性。這是全人類的事，但成功的可能性不高，因為很難先回答「為什麼要移民火星？」這個大問題。移民火星，耗資大到人類無法想像的程度。所以我想，直到人類文明毀滅的那一天，人類也不可能實現「火星移民」，即在火星上傳宗接代。

不過，我們倒是可以探討一下人類火星探索方向，以及在火星上生存的可能性。

探索火星，本為尋找生命

人類登陸火星探索最想得到的答案，其實是火星上「有生命」。在人類科技範圍內，從宇宙一眼望去，最有可能存在生命的星球就是火星。雖然其環境惡劣，但它首先是岩石類星球（像木星土星都是氣體星球），其次，它的環境比其他星球好（金星水星太熱或氣壓太高）。

人類尋找火星生命的主要目的，是回答我們地球生命在宇宙中是否為孤獨存在的問題。找到地球外生命後，也可與地球生命對比，其中也許可以發現珍貴的資料。

地球的真核生命，是以碳為基礎、DNA 為藍圖、左旋胺基酸為組成結構的蛋白質生命。而火星上的生命，是真核、原核生命尚不可知，也許胺基酸是「右旋胺基酸」，都有可能。

在瞭解火星可能具備「生命基礎」的前提下，我們可以再來審視一下移民火星的可能性。

創造火星生存條件是百年基業

火星大部分是二氧化碳，人類想在火星上呼吸需要氧氣，這時候大家可能很自然地想到「藍綠菌」（舊稱藍綠藻），因其可以吸收二氧化碳，通過光合作用產生氧氣。

這並非天馬行空，通過光合作用在火星上製造氧氣是可行的，但我想可能需要很多很多藍綠菌，需時數百年，對火星充氧，大概可以從一定程度上實現把火星大氣轉換為氧氣。

此外，由於火星質量較輕，很多氣體會脫離火星控制。我們知道脫離火星的速度是 5 公里/秒 ，如氣體分子流動速度超過 5 公里/秒，就可能逃離火星，消散在宇宙間。比如氮氣分子在火星的流動速度為 6 公里/秒，我們就很難在火星上找到氮氣的蹤跡。氮氣尚且如此，更不用說氫氣等更輕的氣體了。

所以說，人類還是應該聚焦如何「登陸火星」，而不是移民火星，那太遙遠了。

並且，即便是人類登陸火星，也有很大難度，因為我們不僅要保證太空人能到達火星，還需要保證他們能安全返回地球，不能像「神風特攻隊」一樣一去不返。

目前探測火星的成果與方向

截至目前，人類對火星的探測，仍基本上停留在美國維京人 1 號、維京人 2 號的成果上，雖然累積了一倉庫新的資料，但尚無巨大的突破。得到的成績是：人類的生命探測器已經知道如何登陸火星，奠定了二十一世紀人類探尋火星的方向。

在火星探測過程中，科學家發現火星沒有「有機物」。如若地球而言，有有機物不一定表示有生命，但生命的吃喝拉撒一定得和有

圖 48-1 火星地表。(Credit: NASA/JPL)

機物共存。火星表面就好比被「整體消毒」，除了甲烷一類可能由無機物自然產生的簡單有機物分子外，空無較複雜的有機物。

但探測器發現，火星表面存在許多「混亂地形」，這些混亂地形仿如在地球上，有著像是乾涸的河床曾被大水沖過的樣貌，這才給予科學家信心，因為有水就有可能有生命。於是，二十一世紀探索火星的新方向確定了——跟著水走。

就目前對火星表面的研究分析，科學家認為火星曾經可能是一個「水球」，其表面可能被水覆蓋，且水的深度達 10 公里至 100 公里！要知道，我們地球海洋深度平均也僅有 3.8 公里。

不過，在時間的推移下，火星表面的水分都蒸發了，變成了現在這般模樣。

但是這並不代表火星上找不到水，在太陽系的歐特雲中存在大量彗星，向地球、火星方向飛來，彗星就有可能像「冰錐」一樣，狠狠地插入火星地表，到達火星地下深處，所以火星地表下有「水冰」也就不奇怪了。

固態的水冰雖然不是液態的水，但即便火星溫度一直保持零下狀態，水冰依然有變為水的可能性。火星表面有高氯酸鉀、高氯酸鈣等「鹽」的成分，可以降低水冰的熔點，這也方便了我們對火星水源的進一步探索。

截至 2020 年，NASA 有關資料表示，在火星上可能有「鹹水」，但細菌生命仍無蹤跡，這便是人類當下對火星探索的極致了。

回到最初的話題，面對這樣一個大氣氣壓為地球 1/130，其中 95% 是二氧化碳、夜晚溫度達零下 80 °C 左右，且仍充滿未知的星球，你對它還有移民的興趣嗎？

49. 從地球公民到宇宙公民

翻篇至此，我們看到了人類不懈「探索宇宙未知」的努力與成果。李傑信，以40多年歲月肩負著NASA太空科研管理工作，對這位科學家、見證者、說書人，有過怎樣的生涯探索經歷，又遇到過哪些感動的時刻呢？

我在1978年進入加州理工學院的噴射推進實驗室。

1976年，維京人號到達火星，所以1978年正是人類大批量接收火星資料的時段，當時科學家們對火星傳回來的每一種資料都很癡迷，積極在做研究。我也是在當時才有這麼一個概念：原來一個科研專案，能夠花10億、20億美元這麼多。「大」科學打開了我的眼界。

這引起了我極大的興趣，帶著一腔熱情，我一直走在研究宇宙的路上。

被借調到華盛頓總部

我在噴射推進實驗室，一直有自己通過「同行評審」申請到的研究計畫經費，以主要研究員 (Principal Investigator, PI) 身分工作到1987年，之後就被調到了華盛頓總部。一般而言，一個人被調到總部是因為他在某方面科研做得有些出色，又能掌握人際關係，就被注意到。NASA總部對科學管理人員的需求一直存在，經常以兩年

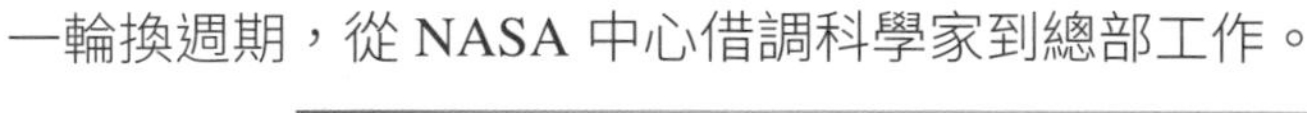
一輪換週期，從 NASA 中心借調科學家到總部工作。

圖 49-1 NASA 主要研究員李傑信在加州理工學院的噴射推進實驗室。

本來我是自己做研究，但到了總部後，就要面對 100 多個大學教授研究員，其中還有 6 位是之後的諾貝爾獎得主，我需要管理他們的科研工作，包括對他們的工作進行評審，以及負責發放他們的科研經費，以美國聯邦政府的力量，做他們科研的後盾。

1987 年我 44 歲，當時我就在想自己過去做的事情和未來的發展是否會一樣？如果人始終做著一樣的工作，最後帶進墳墓，就太單調了。於是我開啟了另外一個方向，即科技管理。

不過也是因為，我當初在噴射推進實驗室做的實驗，要與諾貝爾獎發生關係很難，因此，到總部每年管理幾千萬美元的科研經費，可以做一些我以前想做但做不到的事情，比如多學些不同領域的科研，拓寬自己知識的覆蓋面等。而總部也很器重我的專業，很快選送我到麻省理工學院全薪在職進修一個科技管理碩士學位。技術專業加上管理訓練，我就下定決心，做了事業方向不同的選擇。

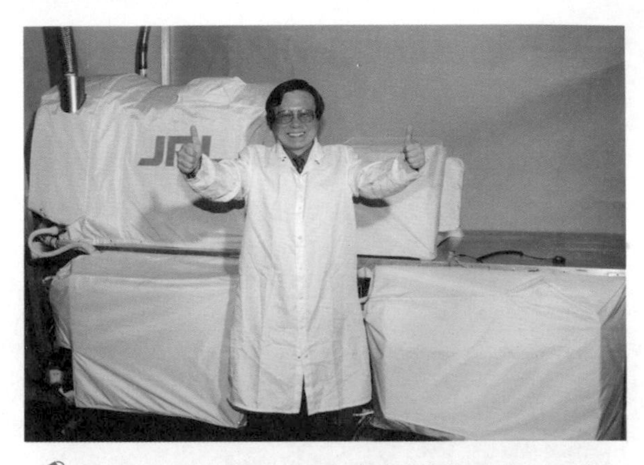

圖 49-2 李傑信為 NASA 總部驗收噴射推進實驗室的基礎物理太空飛行實驗設備。

總部很配合，給了我一個特殊科技人員 (S&T) 職位，這是 NASA 能給科學家的最高級別，要我負責創建管理 NASA 的太空基礎物理專項。所以，我就留在總部繼續工作。而在噴射推進實驗室留下的科研工作，我請加州理工學院的一位教授接手繼續做下去。這位教授是位非常出色的科研人員，後被評選為美國科學院院士。

在進行科研工作的這些年，宇宙中的資料給我留下了深刻的印象，例如 1991 年航海家 1 號、2 號拍攝的藍色地球。

也正是在太空科研工作的這些年，我對自己有了新的認知。認知中的重要因素包括人類遺傳基因中的缺陷，導致人類好戰嗜殺。浸淫在浩瀚宇宙的境界後，我決定跳出地球人類文明的局限，終我一生，不從政、不經商、只做宇宙公民。

在 NASA 工作有遇過低潮或是什麼樣的困難？如何克服？

阿波羅計畫成功登陸月球六次。為了登月任務，美國召集了二十萬科技大軍，每年花費美國國家百分之五的預算（2019 年為 0.7%），最後一次是阿波羅 17 號在 1972 年登月。美蘇之間的登月競賽完畢後，美國領導人開始思考太空策略邏輯的下一步該做什麼？最後決定只有發展一項龐大的太空梭與國際太空站計畫，才能繼續聘用這一大批用黃金澆灌出來的科技人員。太空站最初建立的目的是為了科學研究，因此我 1987 年被調到總部去主持和管理太空站微重力部門的基礎物理科研計畫。

國際太空站的正式完工是在 2011 年。從提出計畫到組裝完畢也經歷了 30 多年的坎坷歲月，然而每當新的總統上任，或是發生重大的太空事件後，國家的太空決策可能因此轉向。我在 NASA 面臨的第一個重大困難，是 2005 年後太空站主要任務的突變。因哥倫比亞號 2003 年空難事件的發生，太空站不再是為了在一般人眼中一副不食人間煙火樣子的科研，而是轉成為登陸火星的工程發展基地，於是基礎科研的經費全都取消，甚至連科研的部門都消失了。當時新上任的署長為火箭工程專家，把話說死，他不需要科學家幫忙，並請我的大 Boss 傳話給我，他更不需要諾貝爾得獎級的科學家資詢。但 NASA 是美國聯邦政府的重要科研部門，國會不允許 NASA 炒所有科學家魷魚。可是因為我的職位為特殊科技人員（S&T 或 GS15+1），等級比較高，有人盯著想要，於是有很長一段時間沒有指派任何任務給我，而是每兩、三個星期就問我：「Mark，你找到事了嗎？」(Mark, have you found a job yet?)，暗示我必須到 NASA 以外尋找工作。當時臺灣的國家太空中心也曾有意延攬我擔任首席科學家。

NASA 的人事部門知道了這件事，告訴我，雇主把你的工作環境搞成如此敵對性 (hostile) 是不合法的。於是我回去通告我當時的兩層上司，如果這個狀態持續下去，我會把他們告到聯邦法庭。兩位上司在 24 小時內表達了深刻歉意 (apologize profusely)，並即刻給了我有關工程的任務，主要是請我管理發展登陸小行星需要的探測小艇，以及下一代的艙外太空衣設計。因為阿波羅登月時，發現微細的月塵因靜電力會吸附在太空衣上，當太空人著太空衣回到艙內後，船艙裡的月塵漂散失控，嚴重污染艙內空氣品質，所以新一代的太空衣不會進入艙內，而是掛吊在探測車後面，當太空人要進行艙外活動時才會穿上太空衣。

經過這一次的難關，我的心得是：只要道理有 51% 在自己這邊，就要懂得如何保護自己，把壓力推回去。

圖 49-3 李傑信負責研發 NASA 新一代探測小行星小艇。

最感動的時刻

2001 年，我邀請 39 歲即獲諾貝爾獎的埃里克・康奈爾 (Eric Allin Cornell) 向 NASA 提出研究計畫，當時 Cornell 以「事情太多、時間太少」因素回絕。不幸的是他在 2004 年因為手指受到巨大侵略性細菌的感染，不得不將左臂和肩膀截除，以阻止細菌蔓延。2013 年，我再次邀請他參與 NASA 研究計畫時，他第一句話就說：「Mark，你還記得我？!」這位諾貝爾獎得主，人生經歷過重大的劫難，他竟也還記得我！

圖 49-4 2014 年 11 月在 NASA 睽違 10 年後的太空基礎物理年會上，埃里克・康奈爾和李傑信重逢的喜悅。

還有記憶深刻的是，在 1990 年代，我負責管理的項目內，有一位原從德國到 MIT 工作的研究員沃夫岡・克特勒 (Wolfgang Ketterle)，突然被校方切斷了實驗室電子設備支援費用，實驗室即將面臨停工停產的緊急狀況。我檢查了一下自己項目內能動用的機動經費，在一個星期內以急件公文就把兩年的款項送到 MIT。後來 Ketterle 留在 MIT 繼續做冷原子科研，獲得了諾貝爾獎。我非常榮幸得到他的特別邀請，參與他的 2001 年諾貝爾獎頒獎典禮。

圖 49-5 Wolfgang Ketterle 和李傑信在 2014 年 11 月的 NASA 太空基礎物理年會上重逢。

我的工作是做科研管理，為研究員提供服務，支持他們的研究。這份工作中最大的感動就是提供了好的服務，研究員都會記在心裡。當研究員得到了像諾貝爾獎這麼高級別的榮譽時，還會記得邀請我分享這份榮耀，實在是對科研管理者最溫馨的回饋。

一些讓我思考的問題

我每天在總部最重要的事，就是思考以我一個聯邦政府公務員的身分，如何幫助近百個 NASA 主要研究員把他們的工作做得更好。我的上司主管們都知道，不要去惹 Mark，Mark 的第一忠誠是在他的研究員身上。曾有幾位主要研究員的經費被他們的大學裁減，我就以 NASA 名義，緊急撥款到位，使研究工作連續不間斷走下去。有些主要研究員做出出色的成果，會在第一時間興奮地打電話告訴我，我也會找時間去拜訪他們的實驗室。30 多年下來，研究員中就流傳著這麼一句話：被 Mark 拜訪過的主要研究員，拿到諾貝爾獎的機率看好。

我做的「科技管理」工作，以主要研究員們的需求為本位，放開手讓主要研究員海闊天空在全宇宙中發揮，不需「5 年 500 億」，也能有 6 位主要研究員於 1996、1997 和 2001 年獲頒諾貝爾獎。而我也能以一個 NASA 卑微的公務員身分，應邀參加 2001 年諾貝爾獎百年慶典，實屬榮幸。

能獲諾貝爾獎的科研計畫，當然有很多因素，如主要研究員的天分和努力，研究機構和政府長期穩定的經費支持等等。但所有我詳知對人類科學文明有巨大突破的科研計畫，都奠基於科技管理八字箴言：同行評審 (Peer Review)，隨機發揮 (Serendipity)。據我過去 20 餘年的觀察，龍的傳人，不缺有天分又努力的人才。缺的是科研政策和科研決策人的膽識和智慧。

圖 49-6 李傑信應邀參加 2001 年 12 月 10 日諾貝爾獎百年慶典，與 NASA 主要研究員 1997 年諾貝爾物理獎得主威廉·菲利浦斯 (William Phillips) 合影。

Presented to

Dr. Mark Lee

In appreciation of your 40 years of leadership and wide-ranging contributions to NASA scientific research.

April 2018

From the National Aeronautics and Space Administration

This Medallion contains metal flown to the International Space Station, and these ISS Expedition pins represent all missions flown to date.

NASA

William H. Gerstenmaier

Associate Administrator for Human Exploration and Operations Mission Directorate

National Aeronautics and Space Administration

SPACE SHUTTLE

圖 49-7 NASA 總部給李傑信的退休贈言：感謝 40 年來對 NASA 科研上的領導和廣泛的貢獻。

50.《天外天》傳奇

《天外天》是我寫的第五本科普書籍。其他還有《追尋藍色星球》、《我們是火星人？》、《生命的起始點》、《別讓地球再挨撞》、《宇宙起源》、《宇宙的顫抖》及《穿越 4.7 億公里的拜訪：追尋跟著水走的火星生命》，共 8 本。從二十一世紀伊始，2000 年第一本《追尋藍色星球》起算，兩年多寫一本。寫作在繁忙工作的夾縫中進行，自知熱情有餘，勤奮不足，但雪泥鴻爪，勉強夠得上捕獲些我經歷過的科學事件，其中有的可謂驚濤駭浪，鑽光閃爍，自認生而逢辰，有幸見證了人類科學文明熱火朝天的推展過程。

這幾本拙作大致可分為兩種類別：科普散文集和專題書作。

一般來說，我的投稿和約稿，基本上是針對某個時效性和突破性特強的科學事件，發表我個人的綜觀。這些單篇文章發表過後，便在稍後時段分門別類，集結成科普散文集。

專題書作的能量，來自人類科學文明上巨大的突破事件，如偵測到宇宙初生大霹靂的蕩漾餘音和引力波等，耀眼成就的光芒，激起了我強烈的寫作意願，於是就通過自己的視角，去解讀這些驚天地泣鬼神的科學故事，寫成完整書作。

散文集在我寫作的進程中，擔負著另一項重大功能，是我未來專題書作第一時間的能量儲存庫。從我寫作的軌跡可尋得清晰脈絡，第一本散文集《追尋藍色星球》是《我們是火星人？》和《生命的起始點》這兩本專題書作的能量來源，而《天外天》散文集毫無疑問牽引出了《宇宙起源》和《宇宙的顫抖》。散文集是我寫作中

「點」的知識庫存地。「點」的知識繼續累積就能成「線」，再以線編織成一本專題書作。

《天外天》散文集在我的 8 本書中占有一個特殊的位置，因為寫作靈感起源於：近代科學事件的出現對人類文明的強烈震撼。

第一個巨大的震撼，來自現代人類對宇宙數目之「多」和體積之「大」的理解。

自從掌握了望遠鏡科技後，人類已被天上數不完的「星星」（有些星星其實是位於遙遠的星系）震懾住，但幾百年來，還是認為能夠數出一個數目的。1998 年發現「暗能量」後，新的理論出籠，數學和物理兩面夾攻，已把宇宙的數目推到一個巨大的天文數字，而我們能觀測到的 930 億光年大小的宇宙，僅是其中微不足道的成員之一。至於這些宇宙所占的空間，以理論推算，更是大到不可思議。在《天外天》中，我要把這些知識內涵的精華寫出來。

第二個巨大的震撼是中國載人航太科技的崛起。在《天外天》中，我記錄下中國人一步一腳印開展載人航太的進程。

第三個震撼是美國這個科技龍頭大國，竟然以狂熱的基督教教義，企圖全面封殺人類智慧瑰寶的達爾文演化論。在《天外天》中，我說出對這樁正在上演的事件的看法。

在《天外天》中，「科學精神」是把這三個震撼串連起來的金鏈子。科學精神的基石是實驗、觀察和重複實驗。二十一世紀後，人類開始鋪天蓋地使用網路科技，宣揚自家思維理念，各有各的「真理」定義，好像都言之有理。但宇宙中唯一經得起檢驗的真理，就是完全符合「科學精神」的真理。真金不怕火煉，宇宙中的真理只有這個版本，其他的全是妖言惑眾。

和我寫的所有科普書籍一樣，「科學精神」從頭至尾，貫穿在《天外天》中。我決意把人類獲取的嶄新宇宙知識說個清楚。每篇以獨立的散文形式出現，集中討論一個重要課題，如宇宙起源於大霹靂，和原初電漿經暴脹後產生的聲波振盪。而就是這個聲波振盪在宇宙中留下了「平直」的胎記。「暗物質」和「暗能量」的出現，造成了目前人類無法理解的「黑暗」宇宙，使人類智慧在此遭遇瓶頸，卡住擱淺。

人類目前模糊理解「暗能量」是推動宇宙加速膨脹最大的力量，《天外天》以本書的圖 17–1 標出「真空能量」扮演「暗能量」的可能性。前文第二十一篇中曾提到，丘成桐先生使用強大的「真空能量」，以多維幾何流形「數學」理論推演，認為宇宙的總數目可達 10^{500} 之多，即 1 後面有 500 個零。而我們能觀測到的宇宙，僅為其中的一個小小宇宙。在《天外天》中，我只保守地把我們目前以「物理」理論計算出的宇宙數目定在 10^{23} 之多，比丘先生標出的 10^{500} 的數字小了很多，但已大到驚人。

更有甚之，宇宙學家以這類「無邊界建議」的「真空能量」量子物理的力度估計，能計算出宇宙的大小可達直徑 $10^{10^{10^{122}}}$ 光年。在《天外天》中，以廣義相對論膨脹的宇宙為依據，我們曾經能觀測到的宇宙大小為 930 億（約 10^{11}）光年。如這樣大小的宇宙有 10^{23} 個，那整個天外天宇宙的大小至少為 $10^{11+23} = 10^{34}$ 光年，即 100 億億億億光年。這個數字看起來好像很大，但和 $10^{10^{10^{122}}}$ 光年簡直完全無法相提並論。所以《天外天》中雖然使用了許多巨大的數字，但是和最尖端物理理論導引出來的宇宙大小相比，仍是保守到難以形容。雖然這個數字已是我此生見到最大的，但在宇宙天文學中仍算是有限的，而更難能可貴的，它竟然還具有桃花潭水深不見底的物理意義。對我而言，它是深藏在《天外天》中最大的震撼彈。

在《天外天》中，我要把載人航天幾項重要科技講解清楚。其中最基本的，當然就是處理太空人「太空失水」的生理科技。太空人太空失水的生理關卡如不妥善處理，小則造成短期貧血、骨骼疏鬆等症狀，大則影響太空人和太空船返航時的安危。

載人航太另一項關鍵任務，就是要發展出純熟的太空人吸氧排氮技術，保證太空人出艙活動時的生命安全。當然兩艘太空船如何在太空對接，也是載人航太必備的科技基本功。載人火箭價格昂貴，中國極大可能會登陸月球和火星，這方面的投資是中國發展載人航太策略中的一環。

美國和中國未來都有再次登陸月球的計畫。月球的南北極儲存著大量的「水冰」和最原始的太陽系形成資料。當然由太陽風帶到遍布月表的氦-3，蘊藏量也極為豐富。在月球開採氦-3 至為昂貴，但如果人類哪天掌握了核融合科技，月球上的氦-3 將是取之不盡用之不竭的綠色能源。

回顧載人航太的歷史，呈現出來最明顯的航標燈是人類會在這條顛簸不平的路上繼續走下去。中國是擁有載人航太科技的後起之秀。中華民族一向以指南針、火藥、造紙和印刷術四大發明自豪，但那些發明已是好多世紀前的久遠成就。中國近年載人航太科技急遽發展，並將人類第一顆量子通訊衛星「墨子」號送上天，逐漸展露出中國正在鋪建一條現代科技思維創新的高鐵。

居住在黃土地上的龍的傳人，也是由非洲傳種過嗣來的嗎？最近在中華大地出土的一連串人類智人骨骼化石考古證據，和西方的線粒體基因證據已達可分庭抗禮的力度。「許昌人」是為我個人興趣而寫，和「人的審判」一樣，好像很難融入其他以太空科技為主題的篇章。其實在我成長的過程中，常想像穴居人類的祖先，每晚在夜幕蒼穹下，蹲坐於原古洞口，敬畏、無知的仰望著點點繁星。畫面充滿了人類緩慢演化的步調，和那化解不開的夢幻色彩。穴居人類每晚看宇宙中堅固美麗的星星，早已把要理解宇宙的滾熱祈望，深植到人類的血液基因中。所以，在我的心目中一點也不勉強做作地認為，古老的智人本來就和宇宙有著密切的關連。

上帝在宗教的領域內，地位崇高至上，本可不必向凡夫俗子的人類顯身現形。但狂熱基督教義派堅持《聖經》中的「創世紀」也是科學真理，每天在美國的中小學生中洗腦，甚至要在教材中，擯除達爾文的生物演化理論，引起自由派的反抗，告進了美國最高法院。法院以人的科學理念審案，要被告提供科學證據，更要證人上帝現身出席演示「創世」過程。「人的審判」記錄了狂熱基督教義派踩到宇宙起源科學底線時，人的法庭審案的邏輯思維和結果。

所以，這兩篇文章要和宇宙太空散文篇一起閱讀，好隨時提醒和提供讀者符合「科學精神」定義的參考座標。

在《天外天》中，我還隱藏著另外一個願望。

知識的累積，要持之有恆。一天沒有新知進來，就會覺得自己荒廢了時間。學到以「點」呈現的知識要常深加思考，同時努力使用新獲取得的思維檢驗。今天加三錢，明天添一兩。坐看雲湧，頓有所悟，突然有天就會首尾相通，連「點」成「線」。人類「面」的知識，浩瀚無涯。但在學習的過程，可以找到幾個重大的宏觀支柱，把點和線的知識掛上去。以我的經驗，單一課題是點，一本書可以把點的知識連成線。至於線的知識是否能連成個人所需的、一小片兩度空間的面，就端看能否找到為自己量身訂做的宏觀架構，有系統地庫存已融會貫通的知識。庫存中的點和線知識量多了，心有靈犀一點通，庫存外的新知識似乎就會向您招手，讓您很快就能找到所需要的點線成面知識的捷徑。人生苦短，一個人一生不可能什麼都懂，但如果通過點和線的努力，學到如何隨時能尋獲提取到面上所缺的嶄新知識的方法，也就心滿意足了。

閱讀，是我終身的承諾。對知識點和線的累積，更是我一生的追求。點和線中的知識，要在我個人宏觀面的架構中，找到定位，才能持續不斷的歸檔累積，以供不時溫故知新，並在需要時能迅速找到庫存外的新知識，更上一層樓，點線成面，點石成金。

科學知識的持續累積，應是件好玩的事情，但從事科學研究的學者們，卻常藉嚴謹之名，在不知不覺中，把有趣的科學知識饗宴，變得索然無味，如同嚼蠟。《天外天》中，提供了大量的點和線的知識。我希望這些知識有一天能幫助讀者連成一幅廣泛有力的面的知識。做為作者，我熱情地和大家分享點和線的科學知識，但有一個主觀期許的標準：這些點和線知識的色彩一定要繽紛，它的內容一定要璨爛。

《天外天》還有個重要的延伸涵意。人類、地球及太陽系，在 10^{23} 個宇宙數目和 10^{34} 光年宇宙大小相比之下，實在連「微不足道」的極渺小的形容詞都配不上，人類本該如螻蟻般謙卑地在宇宙中苟且存活，但實際上大相徑庭，因為人類的聰明睿智竟然能創造出如此偉大的理解能力，我們該為人類超級的智慧驕傲。

《天外天》的書名本來是《天外還有天外天》，為的是加強第一個震撼引出的「多」和「大」的內涵。聰明的編輯將其改為《天外天》，書名依然響亮，又留些空間給我加上個小標題——人類和黑暗宇宙的故事，畫龍點睛，給作者我一個重要的提示，就是，故事還沒講完呢？!

於是，在《天外天》出版後 3 個月內，快馬加鞭，我又寫出了《宇宙起源》，把《天外天》這本書的後面幾章的點的知識連成了線，以完整的專題科普書籍形式，與讀者更深入地切磋共享。《宇宙起源》是我一生寫的速度最快的一本書，工作之餘，週末常因長坐在電腦前，寫得頭昏眼花腰痠背疼。後又因風雲際會，幸運地趕上了人類偵測到引力波的重大成就，我又繼續寫了《宇宙的顫抖》。這兩本書都是《天外天》牽引出來的，人生難得有如此環環相扣的機緣，令我感恩不已。

《天外天》還可能蘊釀出其他的專題書作。過去 3～4 年中，我受邀在海峽兩岸中、大學和社會團體，以與《天外天》有關的其他講題，已做了不下 30 餘場的科普演講，反應熱烈。

《天外天》還在繼續發揮影響力。

邀稿 50 年——兼談阿山情結

吳文洲先生，從 1959 年擔任《南一中青年》的總編輯。在那慘綠生澀的少年時代，所有同學都只知道念書，日夜準備 3 年後有如上午門刑場的聯考，幾乎沒有同學肯浪費時間在任何的課外活動上。

但人家文洲兄和我們不一樣。他熱愛文學，有顆赤誠的心，早早就知道為同學服務，是位情商早熟的社會活動家。

1961 年 8 月，聯考放榜，我考上第一志願。和一群同學們，興奮地坐上從臺南出發的客貨兩用慢車，離開家鄉，首途遙遠的臺北。火車冒著濃煙，每站都停，8 個小時後，終於搖搖晃晃抵達目的地。

註冊後不久，我就接到《南一中青年》邀稿函。我以新鮮人的心情，寫出剛走上臺大椰林大道時意氣風發的青春悸動。大妹傑英當時在臺南女中高二就讀，不久後來信告知，那期《南一中青年》在臺南女中瘋傳，所有女生都發誓要考進臺大。

文洲兄自己寫的文章，平易近人，頗有文采，字裡行間總帶著淡淡的哀愁。當年讀他的作品，常發出驚歎，他怎麼會知道那麼多事呢！記得他文章中有個場景，就是騎車偶然路過人家的窗外，被室內傳出的《流浪者之歌》（*Gypsy Airs*，或 1980 年以後以德文 *Zigeunerweisen* 知名）吸引住。當時我完全不知《流浪者之歌》為何物，只知文洲兄賞識的，就一定是好貨。沒想到半個世紀後的今天，我最喜愛的小提琴曲，就是《流浪者之歌》（Anne-Sophie Mutter 奏），尤其長途開車時，悲愴浪漫的旋律，百聽不厭。又因此曲為文洲兄的原始介紹，腦海裡也同步浮現出中學時期許多美好的回憶。

當時位處古都的南一中，像我這樣背景的「外省郎」不多。和我同年級的 400 多位學生中，只有 3 個外省人。當年有些同學，包括文洲兄在內，聽過我這個「阿山」敘述那段從大陸逃難到臺灣的歷史，留下了印象。

在講這段故事時，我是用臺南腔的臺語說的。3 個外省人同學中，只有我會講臺語，就引起了同學們的注意，咸認這個「阿山」既然會「攻」（講）臺語，已為我族類，一定不是「派郎」（壞人）。

50 多年後，文洲兄再次為《臺北市臺南一中校友會特刊》邀稿，數次吩咐要我回顧一下在臺灣成長時期的「阿山」情結。我前思後想了一陣子。

談我的「阿山」情結，還得從頭說起。

我出生於東北牡丹江市，父親畢業於遼寧醫大，二戰後當選為國大代表，內戰期間轉任廖耀湘軍團麾下 207 司的野戰醫院院長。林彪和國民黨軍隊在東北開戰，全家不得不數度遷移，經安東清源和遼寧撫順，最後到了瀋陽。1948 年 11 月初，共軍開進瀋陽。父親是國民黨這一派的，全家只得在 11 月 21 日離開瀋陽，加入難民潮，一路往南逃難。

當時全家 6 口，父親用獨輪車推著幾件簡單的行李，4 歲的大妹坐在上頭，母親抱著還在襁褓中的弟弟，10 歲的大哥緊跟著。6 歲不到的我，不大不小，得靠自力前行，在天寒地凍的東北大平原上，常常遠落在家人後面。母親只能分給我些許往後看的目光，關注著在地平線上跳動的那顆小黑點。

逃難中記得一些事。晚上趕路時，天上的一輪明月，總是不離不棄的跟著我們一起走。還有，就是看到許多被打死的士兵。

懂事後我才想到，那些不知為何犧牲的年輕生命，在兵荒馬亂中，靜靜的躺在地上，沒人收屍，而他們的父母，每天望眼欲穿，還在盼著他們回家呢。

一路跋山涉水，步行舟車，6 個月後，到了雲南的圖雲關。已經逃到中國領土的「雲之南」，到了盡頭，只能苦等蔣介石的下一步走向。1949 年春夏之交，得知國民黨往臺北轉進，全家又翻山越嶺，趕到廣州，等船去臺灣。

在廣州，我們全家 6 口睡在一間小學的乒乓球桌上。父親的三弟，也就是我的三叔，和同學先行逃出瀋陽，參加東北「流亡」學生行列。母親分析，如果三叔南逃成功，此時應在廣州。於是父親就在所有能用得上的電線桿上張貼尋人啟事。

還記得那是個陽光耀眼的上午，我正在地上玩，三叔就像奇蹟般的出現在眼前。我撲了上去，歡呼：「三叔！」17 歲的他，緊緊把我抱住，早已熱淚滿眶了。

三叔以後還常跟母親談起那次戰火中的重逢：「瀋陽分手時，小信那麼小，竟能在廣州一眼就認出我！」三叔長得帥，我容易認。

1949 年 8 月，大哥正在傷寒重病中，全家登上「華聯輪」。航行中我不肯離開甲板，為著貪看海豚在墨藍色的海水中，跟著船跳躍前行的奇異景觀。

三天後，在基隆上岸。

共產黨軍隊在 1949 年 10 月攻進廣州，蔣介石退守成都，和兒子蔣經國會合。他們一家在 1949 月 12 月 10 日，由成都機場，乘

「美齡號」，當天抵達臺北。

和蔣家比較，我們一家由「淪陷」後的瀋陽逃出，大半步行，偶乘舟車，4,000 公里跋涉 9 個月，終能在廣州失守前兩個月逃離大陸，在臺灣向國民黨歸隊。

我當時年齡 6 歲又 3 個月。

父親的野戰醫院暫設在臺北龍山寺內，在基隆河畔的克難房安了家。

我馬上入學。第一個學校是大龍峒小學。一年級時，老師上課時講的是國語，下課時同學們講的話我聽不懂。沉默是金，還好只要不吭氣，本地同學還沒有過來找碴的，尚未聽到「阿山」的字眼。

父親很快退役開診所，我家就搬到臺北車站對面的館前路，我也轉學到福星小學，開始二年級。

經過一年的適應，進入福星後，成績有些進步。班上同學約 50 人，分成 8 排，成績在前八名的，就被老師任命為「排長」，坐在每排的最前面的座位。我的成績在前八名之內，也榮任「排長」之職。

館前路離新公園不遠，放學後總到那裡蕩秋千。有位也是「排長」的同班同學，也常到公園來玩耍。第一次在公園遇到他，我在秋千上蕩得正開心。看見他以敵視的目光，朝我狠狠地叫了聲「阿山」，就跑走不見了。

這是我第一次聽到「阿山」字眼，不知何意。但從聲音上判斷，不像是在稱讚我秋千蕩得好。

「阿山」的發音，接近「阿～酸啊～」，聲音上下扭動，難聽刺耳，極含輕蔑之意。

第二天一到學校，老師馬上把我叫過去，責問我為什麼「霸占」

圖 1 在福星小學上學時（8 歲）的李傑信（後排右）。大哥傑仁（後排左）12 歲。微屈膝的三叔李淳（後排中），就讀海軍官校。6 歲的大妹傑英（前排左一）和在基隆河畔克難房中出生的 2 歲小妹苑君（前排中），嘴唇被三叔塗上東北旗人式的口紅。小弟傑光（前排右）4 歲。父親 36 歲。母親 34 歲，剛大病初癒。

住秋千，不讓給那位同學玩，並且還說我有要趕他走的意圖。就這樣被告了一狀，當了一週的「排長」，也就被免職了。

從那以後，雖然我還沒有學會臺灣話，但聽得懂什麼是「阿山」。只要有人叫我「阿～酸啊～」，我就朝他衝過去。在逃難時，經歷過更嚴峻的場面，我都沒怕過。在臺灣意想不到當上了「阿山」，在心理上有被「霸凌」的感覺。老師不但不管，反而助紂為虐。我只能以本能反應，每天對抗。

後來，父親又調職到樂生療養院當副院長，家搬到臺北郊外塔寮坑，我轉學到新莊小學，終於逃離了每天霸凌我的福星小學，開始三年級。

據說，在二戰期間，日本人在塔寮坑設有毒蛇研究所。二戰後撤離臺灣，把在東南亞收集的各類屬種毒蛇，全部在塔寮坑放生。

新莊小學，同學都是純樸的鄉下人。和他們一起玩，在毒蛇出沒的小溪和魚塭中游泳，聽不到「阿山」叫聲，我也開始學他們講話。

大概母親有次被闖進廚房頸部賁張舞動的肥大眼鏡蛇嚇到，吵著要搬家。半年後，父親就在臺南糖業試驗所找到駐所醫師一職，舉家又遷到臺南大林。我也轉學到臺南逢甲小學，開始三年級下學期課程。

進入逢甲後不久，就碰上第一次月考，在班上 50 多名同學中，我這位新生，竟然考了第一名。拿著成績單回家的路上，遇到鄰居伯母好奇，要檢查一下這位剛轉學過來學生的成績。在密密麻麻 50 多個人名中，遍尋李傑信名字不著。我提醒她：往上看。自此，我學習成績和以後的淘氣好玩劣蹟，在居住上百家的糖業試驗所宿舍小區，人盡皆知。

逢甲班上，只有我一個外省人。當時國民黨厲行講國語，犯規的同學還要被罰一毛錢。但下課後，我和同學已能完全用臺語交談，我的身分也升等，成了會講臺語的「阿山」。另外，我的成績是班上第一名，同學對我表示尊敬和好感，就選我當班長。導師林美智，對我這個「阿山」呵護有加。上學給了我很多快樂，和在福星小學討厭上學不一樣，我愛上了學校生活。

小學四年級，母親又把我轉到臺南師範附小。南師附小的學生，半數以上是外省人，都不會講臺語。導師毛蘊茹，更是一口京片子，聽起來迷人。在南師附小上了兩年課，每天下午三點半放學，就在大林附近臺南機場野地裡淘耍，那真是一段快樂的童年。

六年級第一次月考後，考初中的壓力開始升級。母親一想，在南師附小整天玩，沒補習，心裡不踏實，就又把我轉到進學小學。南師附小的校長孫漢宗不願意他的第一名學生轉學，拒發轉學證書。進學通融，只要成績夠標準，他們就收。進學學生素質優秀，我補第一次月考，成績幸虧達到班上前幾名標準，學校就轉成了。

進學的外省人沒幾個。但當時臺語已夠資格成為我的雙語之一。導師黃金龍，一手漂亮的黑版字。我也學他寫鋼筆字，終身受用。

我認識的人中，只有我 6 年念了 6 個小學。如今我和小學三年級的同學還保持聯絡。想想看，那是超過一甲子的交情，夠酷吧。

雖然我 6 年上了 6 個小學，但中學 6 年只有一個南一中。中學時和同學們幾乎整天講臺語，雖然國語還沒退化到把「是」發成「豎」音，但已滿口臺灣國語了。對，就是阿扁（陳水扁）說的那種。南一中 6 年，即便在同學看我太得意忘形時，偶爾叫我聲「阿山」，打擊一下我的銳氣，聲音中都透露著親熱。老師葉麗水和戴貞元，更以愛的教育呵護著學生。在南一中，我渡過了一生最快樂的時光。

以第一志願考上了臺大，一個意想不到的奇怪現象發生了。

當時由臺南到臺北，像是鄉巴佬進城。家住臺北的附中、建中、成功、北一女等明星高中畢業的同學，全講國語。尤其令我震驚的，就是一些臺北的本省籍同學，有的國語講得之標準，直追京片子。他們的衣著也穿得光鮮，小分頭油亮。對比起來，和我一起北上的南一中同學，呆頭土腦，滿口臺灣國語，不覺自慚形穢。

闊別了 9 年的臺北，顯然已被「阿山」完全占領了。看樣子，又得洗掉臺南的土腔土調，學講國語，重新向「阿山」靠攏。

大學四年，竟然不需講臺語。當時尚在戒嚴時期，只要埋頭念書即可，什麼話不講都成。處決思想犯的六張犁就在附近，胡思亂想的宿舍同學，也有從人間永遠蒸發的事件發生。

當年的臺大，是留美預備學校。國民黨有個氣度，只要你不去惹他，畢業當完預官後，就讓你走人。謬論到國外去發，發了就永遠別再回來。

圖 2 就讀臺灣大學三年級時的李傑信。

就這樣，我也隨著大流，飄洋過海，在 1966 年 8 月 31 日，到了美國。

一晃 56 年過去了。這些年中，英語為主要語言工具，閒時講國語。偶爾和中學老同學小聚，聽到臺語鄉音，字字親切溫馨，但自己疏於使用，已不能朗朗上口了。

阿扁總統執政期間，我有次返臺南故城訪友，以國語交談。突然聽到旁邊有人嗆聲：「伊惜蝦米郎，攻喂那行瓦郭郎」（他是什麼人，講話就像外國人）。還好，這位臺南鄉親沒叫我「阿～酸啊～」。要不，真有點委屈。

一生走遍臺灣以外的世界，還沒被歧視過。回到自認為在世界上唯一的故鄉，竟成了外國人。這次是捲舌的普通話闖的禍。

我現在常在世界各地遊走。在北京，他們說我是臺灣人。在臺灣，說我是阿山外省人。在美國，說我是亞洲人。在其他國家，認我是中國人。我總是被歸類在社會人際的邊緣。

其實，打從在加州理工學院「噴射推進實驗室」做事起，我就已經跳出這個在太陽系中的地球，自詡為「宇宙公民」。不從政，不經商，謹守著人生幾個簡單的基本做人原則。

非我族類的殺伐之聲，早已充耳不聞了。

後記

2018 年 4 月 30 日，我從 NASA 總部退休，離開服務了 40 年 3 個月又 2 天的太空科研管理生涯。

退休了，時間終於可以全由自己掌握了，那就放開手，去做我喜歡的事情。我喜歡的事情，就是科普活動，其中最喜歡的就是科普演講。

自此，我就敞開接受海峽兩岸和美國各級學校和社團的邀請，大家想聽什麼，定下講題，給我 120 分鐘，本人絕對赴約，講到眾人滿意，盡歡而歸。

二十多場科普演講後，我真心感念：天下哪裡有這麼美好的退休生活啊！

當美好到不可置信時，突然出現了新冠病毒，從 2020 年初開始全球肆虐，我的科普演講活動也因此戛然而止，不得不把自己關進了書房。

還好，在 NASA 做科研管理工作 40 年，我早已深切懂得，任何計畫都至少要有兩手準備 ，即 A 計畫和 B 計畫，如能再有 C 和 D 計畫，那就好上加好了。

我最熱愛的科普演講活動，只進行了一年半，就不得不提前好幾年啟動了 B 計畫。在新冠病毒肆虐的日子裡，我「躲進小樓成一統，管他冬夏與春秋」，繼續著科普活動。

如此，當無法面對面科普演講時，藉由 Zoom 虛擬會議裝置，我仍在網上從事科普講座。同時，既然已被關進書房，那就好好利用時間，多寫幾本書吧！

退休後，原本想做的第一件事，是把 20 年前寫的《我們是火星人？》舊瓶裝新酒，更新內容，記錄中華民族二十一世紀太空的崛起，以及為火星探測留下龍的傳人的足跡。三民書局在 2021 年 7 月成功推出了《穿越 4.7 億公里的拜訪：追尋跟著水走的火星生命》一書，為我身為華人這項努力的初衷，做了見證。

長久以來，美國的讀者群中，一再有人問我有無可能也寫本站在華人立場的英文科普書籍。我一直以我做科普的宗旨是「提高中華民族科學文化素養」為由，回覆說找不出時間寫與宗旨沾不上邊的書。但在美國，華人讀者對我的這個要求從沒停止過，他們是為了自己的下一代。我兩個在美國土生土長的孩子也說：「爹地，您寫了這麼多本科普書，但是我們一個字也看不懂呀！」

居家隔離，關在書房，我花了一年多的時間，把寫的兩本中文書，轉譯成英文。其中《宇宙的顫抖》，獻給我的兩個孩子，並承蒙丘成桐教授的賞識推薦，目前，書稿已進入出版流程。另一本《宇宙起源》，仍在與出版社洽談中。

科普活動中最初寫作的重頭規劃，是為網絡上的「李博士的宇宙觀」每週寫一篇科普專欄文章，海闊天空，想到哪寫到哪，共六十餘篇，自認是我一生沉積知識的表白。熱情的臺灣網友看過後，建議我結集出版，即本書《把手伸出宇宙之外：成為宇宙公民》的主體。

讀我中文書籍的臺灣讀者，在我的心目中占據著重要位置。臺灣是中華上下五千年唯一的民主自由的國家。臺灣讀者熱情奔放，自由思考，對我寫作的內容，閱讀仔細，深思演算。曾經在一本書中，有個數字多了個小數點，一位讀者透過出版社，和我連繫，指出：「李傑信先生，是 95 秒，不是 9.5 秒，您錯了。」我趕快找到一位哈佛大學物理博士朋友，和我一起重新計算。這位讀者果然是對的。出版社也慎重處理了這個失誤。我對這位臺灣讀者的認真態度和他對知識熱愛的深度，肅然起敬。知音難求呀！

疫情漫長，我已打了 5 劑 mRNA 疫苗，現在仍自我關在書房裡。近 3 年幾乎足不出戶的日子，我寫的書兩本已出版，3 本在出版流程中，還有一本正在與出版社洽談中。共 6 本。

關在書房已 3 年的我，終身職依然是宇宙公民。在面對殘酷的地球疫情現實時，我不須妥協。

活著的時候，只管好好幹，其他的就交給宇宙去處理吧！

索引

作者：
李傑信（Mark Lee）

穿越 4.7 億公里的拜訪：追尋跟著水走的火星生命

NASA 退休科學家——李傑信深耕 40 年所淬煉出的火星之書！

想要追尋火星生命，就必須跟著水走！

★古今中外，最完整、最淺顯的火星科普書！

火星為最鄰近地球的行星，自古以來，在人類文明中都扮演著舉足輕重的地位。這顆火紅的星球乘載著無數人類的幻想、人類的刀光劍影、人類的夢想、人類的逐夢踏實路程。前 NASA 科學家李傑信博士，針對火星的前世今生、人類的火星探測歷史，將最新、最完整的火星資訊精粹成淺顯易懂的話語，講述這一趟跨越漫長時間、空間的拜訪之旅。您是否也做好準備，一起來趟穿越 4.7 億公里的拜訪了呢？

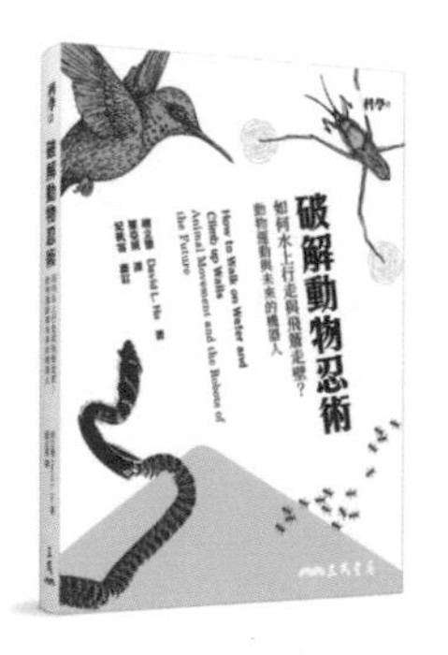

作者：
胡立德（David L. Hu）

譯者：羅亞琪
審訂：紀凱容

破解動物忍術 如何水上行走與飛簷走壁？動物運動與未來的機器人

水黽如何在水上行走？蚊子為什麼不會被雨滴砸死？
哺乳動物的排尿時間都是 21 秒？死魚竟然還能夠游泳？

讓搞笑諾貝爾獎得主胡立德告訴你，這些看似怪異荒誕的研究主題也是嚴謹的科學！

★《富比士》雜誌 2018 年 12 本最好的生物類圖書選書
★《自然》、《科學》等國際期刊編輯盛讚

從亞特蘭大動物園到新加坡的雨林，隨著科學家們上天下地與動物們打交道，探究動物運動背後的原理，從發現問題、設計實驗，直到謎底解開，喊出「啊哈！」的驚喜時刻。想要探討動物排尿的時間得先練習接住狗尿、想要研究飛蛇的滑翔還要先攀登高塔？！意想不到的探索過程有如推理小說般層層推進、精采刺激。還會進一步介紹科學家受到動物運動啟發設計出的各種仿生機器人。

主編
高文芳、張祥光

蔚為奇談！宇宙人的天文百科

宇宙人召集令！
24 名來自海島的天文學家齊聚一堂，
接力暢談宇宙大小事！
最「澎湃」的天文 buffet

這是一本在臺灣從事天文研究、教育工作的專家們共同創作的天文科普書，就像「一家一菜」的宇宙人派對，每位專家都端出自己的拿手好菜，帶給你一場豐盛的知識饗宴。這本書一共有 40 個篇章，每篇各自獨立，彼此呼應，可以隨興挑選感興趣的篇目，再找到彼此相關的主題接續閱讀。

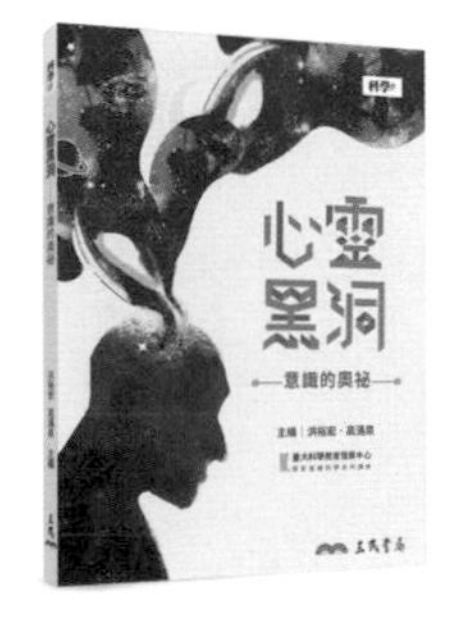

主編
洪裕宏、高涌泉

心靈黑洞 —— 意識的奧祕

意識是什麼？心靈與意識從何而來？
我們真的有自由意志嗎？
植物人處於怎樣的意識狀態呢？
動物是否也具有情緒意識？

過去總是由哲學家主導辯論的意識研究，到了 21 世紀，已被科學界承認為嚴格的科學，經由哲學進入科學的領域，成為心理學、腦科學、精神醫學等爭相研究的熱門主題。本書收錄臺大科學教育發展中心「探索基礎科學系列講座」的演說內容，主題圍繞「意識研究」，由 8 位來自不同專業領域的學者帶領讀者們認識這門與生活息息相關的當代顯學。這是一場心靈饗宴，也是一段自我了解的旅程，讓我們一同來探索《心靈黑洞——意識的奧祕》吧！

作者：松本英惠
譯者：陳朕疆

打動人心的色彩科學

暴怒時冒出來的青筋居然是灰色的！？
在收銀台前要注意！有些顏色會讓人衝動購物
一年有 2 億美元營收的 Google 用的是哪種藍色？
男孩之所以不喜歡粉紅色是受大人的影響？
會沉迷於美肌 app 是因為「記憶色」的關係？
道歉記者會時，要穿什麼顏色的西裝才對呢？

你有沒有遇過以下的經驗：突然被路邊的某間店吸引，接著隨手拿起了一個本來沒有要買的商品？曾沒來由地認為一個初次見面的人很好相處？這些情況可能都是你已經在不知不覺中，被顏色所帶來的效果影響了！本書將介紹許多耐人尋味的例子，帶你了解生活中的各種用色策略，讓你對「顏色的力量」有進一步的認識，進而能活用顏色的特性，不再被繽紛的色彩所迷惑。

作者：潘震澤

科學讀書人 —— 一個生理學家的筆記

「科學與文學、藝術並無不同，
都是人類最精緻的思想及行動表現。」

★ 第四屆吳大猷科普獎佳作
★ 入圍第二十八屆金鼎獎科學類圖書出版獎
★ 好書雋永，經典再版

科學能如何貼近日常生活呢？這正是身為生理學家的作者所在意的。在實驗室中研究人體運作的奧祕之餘，他也透過淺白的文字與詼諧風趣的筆調，將科學界的重大發現譜成一篇篇生動的故事。讓我們一起翻開生理學家的筆記，探索這個豐富又多彩的科學世界吧！

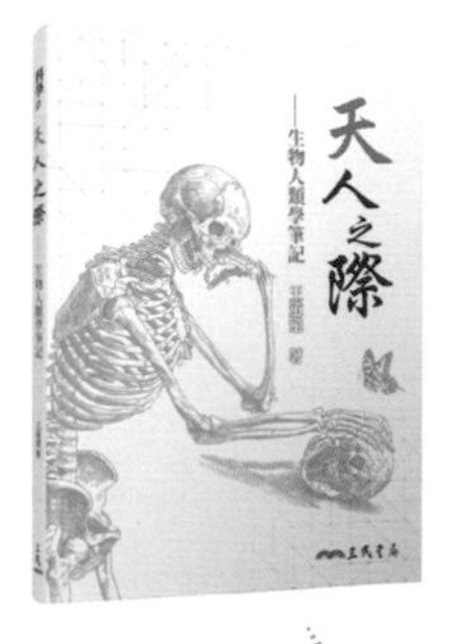

作者：王道還

天人之際 —— 生物人類學筆記

美國國會指定 1990 年代是 「大腦的十年」，
但時至今日，我們真的了解大腦了嗎？
1976 年美國面臨豬流感疫苗的兩難問題，
現今疫情下，我們是否真的有做到「不貳過」？
「為什麼要做研究？」這個問題，可能比成果更重要？！

人類與非洲的黑猩猩來自同一祖先，大約 600 萬年前分別演化；
我們智人（*Homo sapiens*）的直接祖先，大約 30 萬年前出現；
我們熟悉的生活方式，發軔於 1 萬年前；
文明在 5000 年前問世；
許多所謂的普世價值，在過去 500 年逐漸成形，
有一些甚至在最近幾個世代才成為公共討論的議題。
——本書各篇以不同的角度討論人文世界的起源、發展與展望
作者是生物人類學者，在他筆下，人類的自然史成為敷衍
「人文」的重要線索。

三民網路書店
百萬種中文書、原文書、簡體書
任您悠游書海

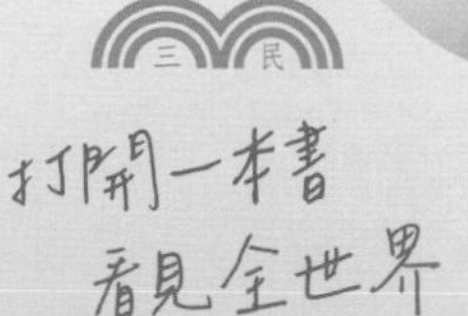

sanmin.com.tw

國家圖書館出版品預行編目資料

把手伸出宇宙之外：成為宇宙公民／李傑信著.——
初版一刷.——臺北市：三民，2023
面；　公分.——（科學+）

ISBN 978-957-14-7630-8（平裝）
1. 宇宙論 2. 通俗作品

323.9　　112005378

科學+

把手伸出宇宙之外：成為宇宙公民

作　　者	李傑信
責任編輯	張絜耘
發 行 人	劉振強
出 版 者	三民書局股份有限公司
地　　址	臺北市復興北路 386 號 (復北門市) 臺北市重慶南路一段 61 號 (重南門市)
電　　話	(02)25006600
網　　址	三民網路書店 https://www.sanmin.com.tw
出版日期	初版一刷 2023 年 6 月
書籍編號	S350680
I S B N	978-957-14-7630-8

著作權所有，侵害必究
※ 本書如有缺頁、破損或裝訂錯誤，請寄回敝局更換。

三民書局